U0300230

BBC自然探索

THE HUNT

猎 捕 BBC 动物世界生存之战

【英】阿拉斯泰尔·福瑟吉尔（Alastair Fothergill） 胡·科里（Huw Cordey）著

魏波珣子 刘晓艳 黄睿睿 史星宇 译

人民邮电出版社

北京

目 录

序

——大卫·阿滕伯勒

在一望无垠的非洲大草原上拍摄野生动物，可能是摄像师需要面对的最为棘手的工作之一。你得如往常一样，确保你拍摄的动物不会察觉到你的存在。但在这种环境条件下，你要留意的就不止一种而是两种动物了，即猎物和捕食者。如果你在跟踪它们的过程中被任何一方发现，就有可能丧失拍摄机会。你必须深思熟虑，知道自己究竟该

◀ **观察猎物的猎豹。** 小猎豹家族住在塞伦盖蒂平原上一处地势较高的地方，站在高处，它们不仅可以防范狮子和鬣狗，还能观察猎物。尽管猎豹们联合起来有可能捕到猎物，但仍有超过 15% 的猎物最终会落入其他捕食者口中。

藏身于何处。你应当处于捕食者的前方而非后侧，此外，你的位置还要远远领先于猎物，因为那里更接近猎捕最终发生之处。为了做到这一点，你必须知道，或者能够判断，依据自然的特性，好戏将在何处上演。河流转弯处有可能成为捕食者的天然屏障；一片沼泽地或许就会拖慢动物飞奔的脚步；如果你能在不被察觉的情况下占据地势稍高之地，你和你的摄像机也许就能获得绝佳的拍摄视角，否则，你很有可能一无所获。

60 年前，自然历史节目还处于起步阶段。据说当时非洲野生动物节目最为成功的制作人之一曾开出 500 英镑的天价聘请摄像师，这在当时对于任何一位能拍到雄狮猛扑角马的清晰画面的摄像师来说，都不是一笔小数

◀ **小小猎手。** 摄像师苏菲·达灵顿和一只小型捕食者——长尾猕猴来了一次超亲密接触，小家伙想找一个合适的工具敲开贝壳。它的捕猎技巧丝毫不亚于苏菲拍摄的其他的猎捕主人公，比如猎豹和狮子。

▶ **（第10~11页）捕猎归来。** 两头雌狮和它们的幼崽捕猎过后迎着清晨的第一缕阳光回家。它们通过团队配合设下陷阱，利用植物作遮挡或是趁着夜色跟踪猎物。一头雌狮负责诱使目标猎物朝着早已埋伏好的同伴跑去。但即便如此，它们的成功率也只有15%多一点。

目。可很多年过去了，都没有应征者。

当然了，时至今日，人们的拍摄设备先进多了。我们有了更精密、更全能的设备——强大的长聚焦镜头，不必靠近被摄物体就能拍到特写镜头；相机支架让镜头不再摇晃，即使你坐在一辆疾驰于灌木丛中的吉普车里，也能拍到让人满意的照片；事实上，许多追逐大战只在光线十分微弱的月夜里上演，这时，高灵敏度摄像机比肉眼"看得"更清楚；电子设备能将动作放慢为原来的1/400，每一处细节和动作上的细微差别都一目了然。

如今和过去一样，你或许有当地的动物专家带路，还可能有已经研习某种特定物种的行为习惯几十年的科学家相助。但只要你做的这个项目足够重要，你就依然需要其他摄像师的配合，兼顾不同方位，以便将最终上演的大戏尽数拍下。

为了拍到捕食者与猎物间的较量这一自然界中最戏剧化的场景，所有的付出都是值得的。越到生死攸关之际，动物的生存本领往往发挥得越淋漓尽致。

当然了，捕食者与猎物间的较量绝不仅限于在非洲大草原上，它们在地球上的每个生态系统里、每寸土地上斗智斗勇。北极熊和角雕都是独行侠，鬣狗和虎鲸则喜欢团队协作。蜘蛛口吐柔丝精心编织温柔陷阱；海草鱼伪装技艺高超，可以隐藏得很好。确实如此，不管是追逐还是逃离，动物王国里的每一项技巧和本领，都可能由不同的动物在任何一个地方施展。

你或许会认为，如果要将猎捕的过程全部记录下来，必定会以捕杀结尾。可事实上真的如此吗？其实这是对自然界极大的误解，因为绝大多数猎捕行动并非以死亡收尾。本书的主题，以及《猎捕》这个电视系列纪录片的目的，并非杀戮，而是强调捕食者与猎物之间的关系。实际上，正是这种种较量，造就了自然界中的动物最为强健的体能、最为完善的感官系统以及最为成熟的行为策略。在接下来的内容中，我们将以各种惊心动魄、令人难以忘怀的细节来印证这一说法。

第 1 章
艰难的挑战

　　捕食者与猎物之间存在着自然界中最戏剧化的关系——此言非虚，因为这事关生死。猎捕也好，逃亡也罢，捕食者和猎物都因周遭环境掌握了一连串令人拍案叫绝的招数。不同的环境代表了不同程度的挑战。塞伦盖蒂平原上，矮草无法遮挡住潜行的花豹；加拿大的冻原上，驯鹿无处躲避狼的追踪；广阔无垠的蓝色海洋里，鲸鱼必须长途跋涉去寻找食物；非洲中部的热带森林里，捕食者和猎物玩起了捉迷藏。大多数游戏都以捕食者的失败告终。为了在与猎物的博弈中取得胜利，捕食者需要掌握与自身所处环境相适应的特殊本领。

▶ **水牛猎捕**。一头狮子在面对水牛的群攻时，也只有逃命的份儿。只有当一群雌狮集体攻击时，才可能扳倒一头水牛。

◀（第12~13页）**冰上猎手**。年轻的北极熊从浮冰之间一跃而起，抓捕猎物。但随着夏日来临，冰块消融，捕猎的成功率也越来越低。

速度的较量

　　对于世界上许多顶尖的捕食者来说，速度是成功的关键。游隼当属鸟类中最快的捕食者，其水平飞行速度可轻易达到 65~95 千米每小时。虽说个别种类的涉禽、野鸭和鸽子能在水平速度上超越游隼，但俯冲才是游隼真正的利器。游隼双翼紧贴身体两侧，以 320 千米每小时的速度猛冲向毫无防备的猎物。但由于速度过快，游隼直接抓取猎物会导致危险发生，于是它们收起利爪转而对着猎物的后脑一记猛击。这一招屡试不爽，因而除了南极洲，全世界几乎 1/5 的鸟类都可谓是游隼的囊中之物。

　　水下捕食者在速度方面没法与鸟类相提并论——水的黏度会导致其速度减缓。但水下速度最快的尖吻鲭鲨，据记录其速度仍可达到 50 千米每小时，它们的瞬时爆发速度更是达到了 74 千米每小时，着实让人惊叹。与游隼的方法如出一辙，尖吻鲭鲨先游到猎物下方，再垂直跃起，在猎物毫无知觉的情况下将其吞入腹中。

　　不过，海洋中最快的捕食者还是剑鱼，其速度可达 108 千米每小时。和其他长喙鱼类一样，剑鱼拥有遍布全身的肌肉和完美的流线型身材。它们不仅能将瞬时爆发速度与惊人的耐力相结合，还能将正常速度保持在 48 千米每小时以上。它们通常独自在寒暖流交汇处花费长达数天的时间去搜

◀ **猛击、捉住、抓起。**游隼握爪成拳，将鹬鸟打落到沙滩上，再逗弄它，将它从海浪里捞起来。随后游隼便抓着猎物飞上一根栖木，在那儿用尖喙啄断它的脊骨。

寻小鱼。当鱼群为了防御外敌聚拢成一个球时，它们的速度和敏捷性才会真正表现出来。剑鱼会快速出击，撞晕一条又一条鱼。

奔跑速度最快的猎手

尽管有据可查的数值为 93 千米每小时，但一头猎豹能达到的最快速度堪称传奇。猎豹的全身构造皆为速度服务。它们体格瘦削，胸廓狭窄，腿长而有力，心肺巨大。它们的肌肉中遍布着对于疾跑至关重要的快速收缩肌肉纤维，一半肌肉都分布在脊椎周围。猎豹的脊椎是所有大型猫科动物中最长最柔韧的，而这正是其速度快的关键原因所在。它能够支撑更快的步频以及近乎 10 米的步长。猎豹跨出的一步中，大半距离都处于凌空状态。但拥有这样柔韧的脊椎也是要付出代价的：猎豹奔跑时，其身上最重的髋部和胸部不断移动，需要大量能量作为支撑。这就意味着它们只能保持这样的疾跑速度 10 秒。

猎豹的整个捕猎策略都围绕这 10 秒的限制制定。小型羚羊是它们的最爱，例如跳羚、黑斑羚和汤姆森瞪羚。这些羚羊的最快速度大致为 77 千米每小时——比猎豹慢，但仅当后者在疾跑时才是如此。因此猎豹的捕

▲ **短跑高手。**疾驰中的猎豹只用几秒便能追上它的目标——汤姆森瞪羚。相较于猎物，猎豹的速度更快，身体也更加敏捷，但如果它冲刺的距离过远，汤姆森瞪羚就能凭借耐力逃脱。

猎行动是否成功，取决于它们能否跟踪至达到自己能追杀到猎物的距离。这要求在极速追捕开始前，猎豹必须悄无声息地潜行至距猎物 50 米以内的地方。但凡再远一点的距离，它们都会在扳倒目标前泄劲。在非洲的矮草平原上——典型的猎豹栖息地——遮蔽物少之又少。因此一只猎豹要花上 10~20 分钟潜行，头部压低，呈半蹲伏姿势，向前爬行，或者先奔跑，然后突然停止，再次小心翼翼地前进，最后进入爆发式狂奔状态。

与在捕猎的过程中选择猎物的鬣狗和非洲野狗不同，猎豹从一开始就选好了要跟踪的目标，并且极少在追捕中途更改目标。由于经常消耗巨大的能量，猎豹需要捕食体积庞大的动物才能维持身体需求。但拥有适合短跑的身材的同时，它们也失去了如狮子或花豹一样将猎物一击致命的力量。当猎物失去平衡翻倒在地时，猎豹便用下颌抵住它的气管，使其窒息死亡。除了体积，猎豹选择猎物的最重要的考虑因素便是该动物的警觉性。被猎物发现之后，75% 的情况下猎豹会放弃捕猎。因此经验不足的瞪羚幼崽就成了最受猎豹喜爱的猎物。汤姆森瞪羚群边缘处落单的几只警惕性较低的瞪羚也常常成为目标，而这些瞪羚通常为雄性。

开始冲刺后，猎豹的呼吸频率从 60 次每分钟飙升至 150 次每分钟，

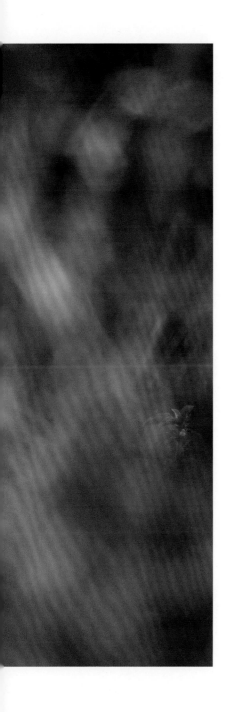

心脏的收缩扩张增加至 50 多次。但光有速度还不行，因为羚羊擅长"之"字形急转弯。只有从俯视的角度，你才能真正欣赏到猎豹有多么灵活。它们的后爪在追捕过程中呈张开状态，抓力强劲，但前爪会在一定程度上收缩，以便保持锋利，撕碎猎物。

在非洲的所有捕食者中，猎豹捕猎的成功率仅次于野狗。平均而言，它们有一半的猎捕行动以捕杀成功结束。然而由于为了速度牺牲了力量，在面对狮群和鬣狗群时，猎豹无法保护自己和已经到手的猎物。在塞伦盖蒂平原上，猎豹有超过 13% 的猎物最终会被窃取。

潜行大师

你在非洲的灌木丛里待上数月也不见得能看到花豹，在大白天拍到捕猎的花豹的概率更是微乎其微。花豹喜欢在遍布花斑的植被中潜行，它们的斑点外衣恰好为自己提供了完美伪装。作为潜行大师，相较于其他捕食者，它们利用伪装的次数更多，并借此靠近目标——在瞬间提速抓住猎物前，与猎物只剩下不到 4 米的距离。这是一种适应性极强的策略，在非洲撒哈拉以南地区、南亚以及阿尔卑斯山脉、干旱荒漠、开阔草原和热带雨林都能成功。

花豹也不挑食——仅非洲就有 92 个物种在花豹的食物名单里榜上有名。它们庞大的体形以及强健的体格足以对付如大角斑羚一样大小的动物，但它们更偏爱小型动物，特别是在捕猎的困难时期。诸如黑斑羚、薮羚和麂羚等体重在 20 千克左右的动物都是花豹的绝佳捕食对象，但如果猎物的数量太少，花豹也会以豪猪、孔雀和猴子为食。

花豹是贴地行走、慢速潜行的高手，只有 20 厘米高的植被便已足够它们隐蔽其间。这种潜行猎手数量最多的地区还属非洲中部的热带雨林。

◀ **观察者**。在肯尼亚的马赛马拉国家公园里，一只花豹盯着正悠闲吃草的黑斑羚群。它的策略是，先潜行至最有利的攻击距离（4 米以内），这样可以将大多数中等体形的猎物（比如薮羚、黑斑羚及麂羚等）拖至隐蔽处或带到树上，以此避免遭到狮子和鬣狗的争抢。

这里的植被为它们提供了极佳的遮蔽处，花豹的策略也从主动出击变为伏击，这种方法常用来对付被树上掉下的丰盛水果所吸引的麂羚（小型羚羊）和猴子。大如红河猪、聪明如黑猩猩的动物都中过这种圈套。事实上，花豹对于黑猩猩算得上是严重威胁，曾有人看到黑猩猩们聚集起来，将一只花豹逼入窘境，用断掉的树枝威胁它。

花豹最有效的伪装便是黑暗，它们几乎只在夜晚出没。在红外线摄像机的镜头下，它们一寸一寸接近猎物，大师级别的潜行捕猎技巧被尽收眼底。尽管夜深人静之时，踩在落叶上的沙沙声抑或是小树枝的断裂声要比

潜行大师。花豹俯身贴地，可以藏在仅 20 厘米高的植被后面。但即便如此，白天捕猎也极难成功，所以在领地范围内，花豹通常于夜间捕食。

白天大得多，但羚羊仍旧漫不经心地嚼着草，直到花豹突然冲出来。于是随着一阵尘土扬起，只听到一只羚羊向同伴发出最后一声警报，最终万物归于寂静。

但花豹捕猎的成功率远低于猎豹。在塞伦盖蒂平原，花豹成功捕杀猎物的概率只有5%。但到了南非克鲁格国家公园，有了更茂密的植被遮挡时，这一概率提高到了16%。而在纳比米亚，花豹几乎全在夜间行动，成功的概率为38%。就算花豹成功杀死猎物，还有10%的猎物会被狮子和斑鬣狗抢去。但和猎豹不同，花豹有力气将猎物拖至树上，让争夺者够不着。

成群结队

　　许多捕食者选择群体捕猎的方式，通常是因为这能让它们抓到比自身体形更大的猎物。大型猫科动物中，一家中可能有三四只花豹会在生命中的某个阶段一同捕猎，但只有狮子会始终群居，一起捕猎。狮群的数量会随着它们领地的情况改变，一般为4~40只不等——通常为雌狮带着幼狮，再加上一两只成年雄狮，后者负责保护狮群安全，但很少在捕猎方面出力。只有当追捕诸如水牛或大象这般体形巨大的猎物时，雄狮才加入行动，主

▼ **以多取胜。** 一大群雌狮分食一头角马。要喂饱这么多张嘴，栖息地必须有大量猎物才行。实际上，相较于捕猎，狮群的大小对于守护栖息地、赶走鬣狗和可能杀死它们幼崽的雄狮更为重要。

要是因为雄狮的体重差不多是雌狮的两倍，且它们的速度较慢。的确，狮子并非为速度而生——雌狮的最高疾跑速度不到64千米每小时，它们也缺乏耐力。在平原上，雌狮只能跑2~3分钟，这就意味着，斑马、角马和水牛等这些最受狮子喜爱的猎物很容易就能摆脱它们。所以为了成功，狮群需要到达距离目标30米以内的地方。也就是说，它们得利用高的植物作掩护或者在夜间行动。

在诸如埃托沙国家公园的开阔地形上，它们会共同协作设置陷阱，其中几只把猎物驱赶到同伴埋伏好的包围圈中。捕食成功的概率和参与捕猎的雌狮数量直接相关。但在这片环境恶劣的栖息地上，即使是最厉害的狮群，成功率也只有15%。

当塞伦盖蒂平原上的猎物数量大大增多时，捕猎成功的概率便会提升至23%。但群体捕猎的优势也会被削弱。雌狮群共同捕猎、分享猎物，并不会比单独捕猎得到的食物更多。那么为何塞伦盖蒂平原的雌狮群还要群体协作呢？主要原因可能有两个。首先，群体越庞大，就越有把握守住最优质的栖息地，恰好塞伦盖蒂平原树木繁茂、临近水源，可以为这场猎捕游戏提供更高保障。其次，群体还可以起到保护作用，防范其他狮群的雄狮或鬣狗等可能偷幼崽的捕食者。总而言之，群居的雌狮比它们独居的姐妹们繁殖后代的成功率要更高。

无情的野狗

非洲给人印象最深刻的群居捕食者当属非洲野狗，其群体捕猎的成功率极少低于33%，通常能高达85%。很难想象其他捕食者会有这般高效率的捕杀行动。非洲野狗总是集体捕猎，有时数量可以达到40~50只。东非的野狗体重约为25千克，南非的也只有大约30千克，为了扳倒体积大如斑马和角马的猎物，野狗群必须集体协作。

尽管在今天，人们还未能完全了解协作的自然习性，但非洲野狗协作捕猎的场景是相当引人注目的。比如猎豹，它们靠双眼观察猎物。人们一般认为猎豹只在白天捕猎，通常在黎明或日落时分。现在我们知道了，只

要有足够明亮的月光，这两种动物都会在夜间捕猎。所有野狗在捕猎之前都会来一场闹哄哄的聚会，低低的呜咽声和嗡嗡的吼叫声不绝于耳。它们不仅会兴奋地摇尾巴，还会相互之间舔舐蹭弄。这样可以在捕猎开始前加强群体间的感情并重新确立等级关系。它们需要在追捕前热热身，先是走路，随后变为小跑，并最终整齐地大步跑起来。现在，它们已经做好了捕猎的准备。

一旦领头的野狗瞄准了合适的目标，它就会停下来等其他同伴。等全数聚齐，它们便展开攻势，专心致志地追捕猎物。紧接着，野狗们开始低头潜行。只有当猎物意欲逃跑时，它们才会改变方法。待它们提速至64千米每小时，疯狂追捕就正式上演。

在非洲南部的森林里，追捕距离可能只有600~800米，如果成功的概率不大，领头的野狗便会停下。但若在地势开阔的非洲东部，它们会持续追上20分钟，距离超过1 000米。对于这种追捕方式所体现的协作，大家看法不一，但从空中看这场捕猎行动，野狗群看上去的确像在合作。

在野狗居住的森林里，你时常会看到一只野狗远离野狗群，似乎想切

▲ **马拉松选手。** 赞比亚平原上，野狗群保持高速奔跑，对角马紧追不舍。它们的策略就是累垮猎物。

▶ **选择目标。** 一大群野狗逼近角马群。在这场猎捕中，野狗群成功地孤立并最终扳倒了它们的目标猎物。

断猎物的退路。在旷野中观察一场持久的捕猎行动，你会很清楚地看到领头的野狗在追逐过程中不断更替。有人相信这种更替方式能给整个群体带来更多活力，以确保领头的野狗永远是"新鲜血液"。还有人对紧跟其后并最终替代领头者的野狗仍能精力充沛表示好奇。不过一旦到了最终的猎杀环节，群体捕猎的真正优势便显现出来了。

单只野狗无法靠一己之力扳倒一头成年角马，但要是一群野狗就不在话下了。孤立一头角马后，野狗轮流上前咬它的后腿，使其丧失行动能力。最后，两三只野狗咬住角马的尾巴，拖慢其速度。最后阶段便是野狗撕咬分食猎物，虽然看上去残忍血腥，但同样也彰显了大自然的本质和团队合作的价

▼ **野狗的力量。** 一只鬣狗企图抢走猎物，被一群非洲野狗赶跑了。尽管从个体来看，鬣狗的体积要远大于野狗，但终究抵不过一群野狗，后者甚至能将好几只鬣狗逼入困境。但如果遇到一只狮子，体形和力量都远非野狗能比，那野狗群是不会冒险与之抗争的。

值。所有野狗都能来享用这些战利品。猎手们发出与众不同的"呜"声，响彻森林，呼唤远处掉队的同伴一起来享用食物。在其他群居性捕食者中，年轻一代都必须等年长者饱腹后才能进食。但野狗不同，当年出生的幼崽先吃，而成年野狗则分散站在食物四周，警戒着可能前来偷取战利品的鬣狗或狮子。

斑鬣狗的体积是非洲野狗的 3 倍，在抢夺食物的较量中，4 只成年野狗才能对付一只鬣狗。但就算集体上阵，野狗也对付不了一只狮子，狮子是造成野狗死亡的首要原因。第二大原因则是断腿。追逐过程中许多野狗因为跑动速度过快且毫无章法而伤到了腿。一同居住与捕猎，至少能够保证它们因伤致命的风险因有群体分担而减小。

大陷阱与小猎手

　　一谈到体形小巧的独行猎手，就必定会联想到花招诡计。在热带雨林地区，捕食者和猎物之间的"军备竞赛"中，拟态伪装是最常见的武器。最令人惊艳的陷阱之一要数达尔文吠蛛的蛛网。这位体积只有一片指甲盖大小的马达加斯加"织工"，因能织出横跨河流湖泊的巨网而闻名。昆虫会顺着河流穿越热带雨林，因此河流上空是一处设置隐形陷阱的好地方。问题在于要如何在那儿设置陷阱。

　　达尔文吠蛛吐出的丝是世界上最结实的自然材料——强度是其他蜘蛛的丝的两倍，是具有高延展性的人造凯夫拉尔纤维的10倍。它们还会织出世界上最大的圆蛛网（只有雌性达尔文吠蛛才织网），蛛丝延伸25米，横跨河流两岸。这种蜘蛛选定河流一侧的有利位置开始工作，从其尾部的吐丝器中射出几十股轻盈的蛛丝，随风向前，跨越河流。一旦其中一股缠住了河对岸的草木，蜘蛛便会拉紧蛛丝，从上面爬过去。它们得花好几小

▶ **横跨河流。** 达尔文吠蛛的巨大蛛网悬挂在马达加斯加河流上方。这种宽度可达25米的圆蛛网旨在粘住那些顺着河流飞行的昆虫，并且每天都会被修补一新。就像桥接线，它异常结实，能够粘住快速飞行的大型猎物。

▼ **吐丝。** 一只身长2厘米的达尔文吠蛛从身体尾部的吐丝器里射出一股股丝线，随风向前，跨越河流。蛛网如此结实的原因之一在于它富有弹性，且由几十股"桥绳"织成。

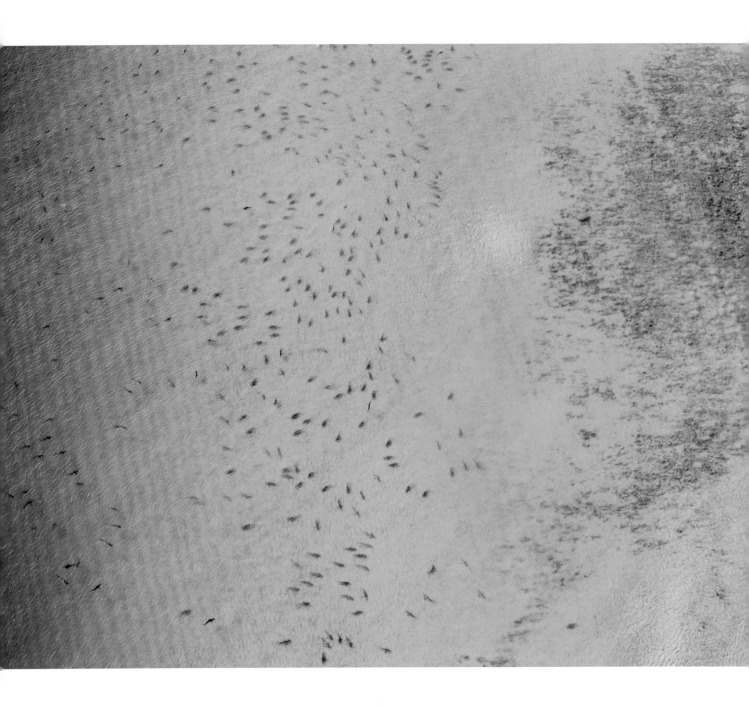

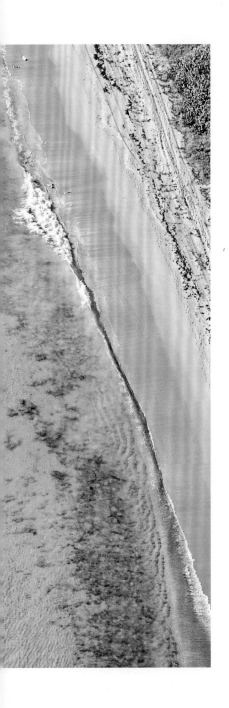

时去加固这股至关重要的丝绳，检查其是否完好地挂在河流两岸，然后转而向下制作第 3 个连接点。做好后，它们最后的任务就是以 3 股丝绳的交叉点为中心编织圆网。一个多小时后，陷阱便设置好了。

这种结构的网为达尔文吠蛛节省了大量的时间和精力。蛛丝富有弹性，可以防止被风和热带雨林的强降水破坏，但即便如此，达尔文吠蛛每天依旧会定时更换"桥绳"，并重新编织蛛网的中心部分。它们的勤劳深受大家赞赏。雄性达尔文吠蛛则会从蛛网上窃取食物（前文提到，只有雌性达尔文吠蛛才织网），甚至连那些擅长捕食小型昆虫的两翼昆虫也会被缠入网中。

在迁徙中捕猎

每年中有两次，数十亿动物会随着太阳半年一次的周期变化在全球范围内长途迁徙，许多捕食者别无选择，只能跟随其后。这些迁徙创造了许多大自然中最为壮观的场景，只是并非所有都为世人所熟知。

每年秋天，大群黑鳍鲨和蔷薇真鲨沿佛罗里达海岸迁徙，到南方过冬，来年春天才又返回。游泳者察觉不到它们的存在，但从空中俯视，可见成千上万的鲨鱼和海岸线之间只有不过几百米的距离。这些鲨鱼后面还跟着以之为食的捕食者——体形更大的双髻鲨和牛鲨。

200 种不同的猛禽每年迁徙数千千米。它们大多数依靠日照引起的上升气流来节省体力，进行跨越大陆的旅程。经过狭长地区，猛禽会集中到一处，那数量令人叹为观止。在墨西哥的韦拉克鲁斯，每年有 500 万只猛禽飞过，跨越北美和南美——这一壮观景象被称作"猛禽天河"。

◀ **前进的鲨鱼。**成千上万的黑鳍鲨和蔷薇真鲨沿着佛罗里达海岸线迁徙，去南方过冬。海水的温度变化可能促使其迁徙，诸如鲻鱼等猎物的迁徙也可能是鲨鱼迁徙的原因之一。

▶（第 34~35 页）**中途停留的隼。**经过从东非的繁殖区一路向南的长途跋涉，数以万计的阿尔穆隼在印度东北部短暂停留，吃些昆虫饱腹，而后继续开始前往南非的长达 3 000 千米的旅程。

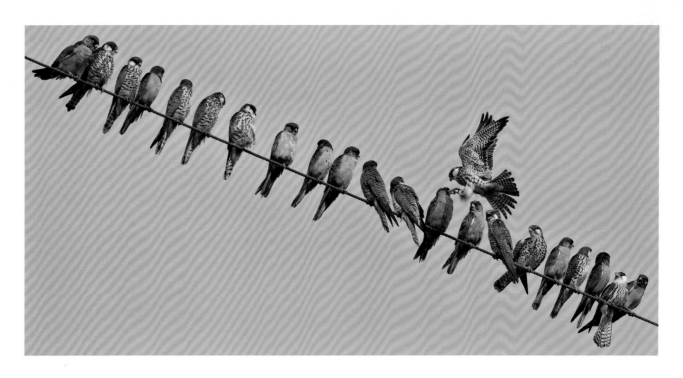

▲ **隼的休息站。**（雄性和雌性的）阿穆尔隼停在印度东北部那加兰邦的电线上——这是它们前往南非过冬途中的休息站之一。

◀ **吃白蚁补充体力。**阿穆尔隼在那加兰邦的道阳水库旁进食。在上万只阿穆尔隼中，有一些可以调整中途休息的时间以遇上大群白蚁。当地人现在已将这一景象视作颇具价值的旅游噱头，不再猎杀它们。过去，该地区的人们每年都会在这里捕杀超过120 000只隼。

欧洲猛禽飞过的年度最长旅程，是草原秃鹰在北欧到南非之间长达14 485千米的往返之旅。但在所有猛禽的迁徙路线中，最长最险峻的要属阿穆尔隼的路线。这种和红隼一般大小的隼类通常在古北界东部［包括俄罗斯、蒙古、中国（主要是南部及中部）］进行同种繁殖。它们擅长在飞行途中抓住昆虫，但这些昆虫在秋天相继死去，阿穆尔隼别无选择，只能向南迁徙，去食物丰富的地方。它们到南非的往返旅程长达22 530千米。

其中一些飞越了尼泊尔中部的喜马拉雅山，但大多数阿穆尔隼会避免经过如此高海拔的地方，转而沿着青藏高原的东部边缘飞行。等到了印度东南部，它们会在那里停留数月，补充能量，积蓄脂肪。数以万计的阿穆尔隼共同捕食聚集在一起的白蚁，那场面不禁让人想起群栖的椋鸟。终于，它们准备好踏上旅途中最严峻的一段路程——不停歇地飞越超过3 000千米的距离，跨越开阔海域到达非洲。这是猛禽中距离最长的海上迁徙活动，阿穆尔隼要飞上2~3天才能到达目的地。而通过这场持久测验的奖赏就是丰富的昆虫补给，以及南方的悠长夏日。

◀ **被拖拽的环斑海豹。**一只北极熊抓住一只跳进海里但还未来得及游远的环斑海豹并将其拽上浮冰。当夏日来临，冰块消融，北极熊的主要猎物变得愈发难以捕获，因此它们不得不忍饥挨饿。

▶ **北极熊。**在厚重的脂肪层和浓厚皮毛的保护下，北极熊以巨大的前爪为桨，后爪为舵，游过无冰水面寻找海豹可能躺卧的浮冰。在冰块大量消融的夏天，北极熊不得不游过大面积的无冰海面，可能好几天都不能停下来。

四季捕猎的捕食者

北极熊不随着季节的变换而迁徙。它们是专业猎手，但捕猎范围仅限于北极地区有海冰的地方。格陵兰岛西北部的因纽特人称北极熊为"pisugtooq"，意思是"流浪者"。北极熊的居所范围非常宽广——平均大小和美国佐治亚州的面积相同。据记载，最大面积快赶上美国得克萨斯州的大小了——因为要寻找海豹。目前，它们居住的面积仍在不断扩大。但它们面临一项极地地区特有的巨大挑战：每过6个月，太阳升起，会将北

极熊冰河世界的大半融化掉。为了生存，北极熊逐渐成了地球上适应能力最强的捕食者。

其他捕食者都不像北极熊这般，为了应对季节的变换，不断进化和掌握不同的捕猎技巧。随着春天逝去，夏日来临，北极熊几乎每过一个月就需要改变一次捕猎方式。早春时节，它们最爱的食物是环斑海豹的幼崽。3月和4月，海豹幼崽在海冰下的隐蔽之处出生。但当冰块开始破裂，环斑海豹幼崽断奶，北极熊就会转而盯上髯海豹。到了秋天，冰块和海豹都不见了的时候，北极熊甚至会攻击海象，去偷它们的幼崽。

对于捕食者来说，是生是死，取决于捕猎时的能量消耗和能量获取间是否达到了平衡。从生理构造上来说，北极熊可谓无可挑剔。它们的消化

▲ **艰难时期。**一只雄性北极熊冒着从高空掉入海里的危险，在悬崖峭壁上爬行，寻找海鸠蛋。海冰融化使得捕食海豹不再可能实现，绝望的北极熊只得前往北极西伯利亚地区的岛屿。

系统能吸收 84% 的蛋白质和 97% 的脂肪；冬日里在冰块上爬行寻找食物时，它们的代谢速率能够降到和在洞穴中冬眠的黑熊一样。这些仅仅是北极熊得以在极端环境下生存的众多身体特性中的两个。

终极捕食者

如果基于智力和适应力，以及在世界各地都能捕猎成功的战绩来考量，终极捕食者非虎鲸莫属。虎鲸同时拥有速度、力量和耐力优势。它们利用一定程度上的协作以及其他捕食者望尘莫及的智慧捕食猎物。无论猎物有多大，没有哪种海洋动物能逃得出虎鲸的追捕。

虎鲸能活 50 多年，并且数十年如一日地维持着稳固的母系家族体

系。种群间的"文化"差异代代相传。我们越了解这一高度社会化的海洋哺乳动物，就越能认识到它们有多聪明。只有人类比它们更复杂，适应能力更强。

虎鲸被分成差异明显的不同种群（亦称生态类型），尽管从基因指标上来说，它们更该被定义为不同的物种。不同种群的虎鲸外形不同，发声行为不同，捕食对象以及捕猎方法也不同，彼此之间的领地几乎没有交集，但它们之间的交配行为仍被认作同种繁殖。

第一种公认的种群生活在北美洲西北部的太平洋里，这些虎鲸被称作"定居者"，它们固定生活在这条狭长海岸线边的浅湾里，以捕鱼为生，尤其偏爱每年会大量洄游的奇努克鲑鱼。80~90头虎鲸近亲结成一群，在长

▲ **追逐鱼群。** 50头左右"定居者"虎鲸，包括它们的幼崽，正在挪威的峡湾追逐一大群鲱鱼。这些虎鲸尤其擅长在冰冷、富有营养的斯堪的纳维亚海域中捕鱼。

▲ **鲱鱼群。**惊慌的鲱鱼群聚拢在一起冲向海面，缩成一团。虎鲸利用回声定位本领定位并驱赶鲱鱼，它们还会在将猎物团团包围时相互交流，食用前用尾巴一扫使鲱鱼丧失逃生能力。

达 50 年的生命里一生群居。水下交流是它们合作捕猎时的重要一环，研究人员已经可以通过不同的声音特征辨别出每一个种群。事实上，虎鲸声音的多样性在其他所有非人类的哺乳动物中是史无前例的。

另一种沿着北美洲西海岸捕猎的虎鲸被称作"过客"，因为它们总是在迁移。南至美国南加利福尼亚州，北至白令海，这两个地方都有人看到过同一种虎鲸的身影。贴有卫星追踪标记的一群虎鲸从阿拉斯加出发，只用 8 天时间便游了 1 400 千米，直达北极冰层的边缘。"过客"们更擅长捕食哺乳动物而非鱼类，它们拥有超凡的能力，可以在正确的时间出现在正确的地方，伏击猎物。

捕鲸的鲸

灰鲸妈妈和小灰鲸每年都会离开墨西哥海域中舒适的环礁湖，开始长途迁徙，去北方食物丰富的白令海。因为有幼崽，灰鲸妈妈游不了太快，但到4月时也差不多接近加利福尼亚海岸的蒙特雷湾了。它们去北方的最短路径便是从蒙特雷湾径直穿过，但"过客"虎鲸早已等候在此。

"过客"和"定居者"有着相似的交流系统，但前者声音远小于后者，有利于避免被它们的猎物听到行踪。攻击灰鲸妈妈对虎鲸来说太过冒险，因为灰鲸的体形太大，还有极厚的皮肤和脂肪层。于是它们转而捕食灰鲸幼崽。虎鲸只有共同协作才有机会将灰鲸幼崽和灰鲸妈妈分离。参与行动的只有雌性成年虎鲸。它们必须特别小心，避免被灰鲸妈妈强有力的尾巴抽打到，一旦成功将其分开，它们就要跳至灰鲸幼崽背上将其淹死。这场疯狂的猎捕行动可能持续2~6小时。

另一处最受"过客"喜爱的伏击点便是阿拉斯加海岸和乌尼马克岛海岸沿线，迁徙的灰鲸群会在夏季中旬到达那里。遭受虎鲸攻击时，灰鲸妈妈会朝浅水区游去，它们通常会不惜冒着搁浅的危险躲避虎鲸。尽管如此，在迁徙的灰鲸群游经乌尼马克岛海岸去白令海的途中，还是有5%~15%的幼崽会被捕食。

在这个伏击点附近，还有另一处食物丰富的捕猎区深受以哺乳动物为食的虎鲸喜爱。数以千计的海狗在普里比洛夫群岛上繁殖，每年5月下旬，"过客"到达群岛时，恰好碰上海狗繁殖期开始。虎鲸主要以年轻的雄性海狗为目标，这些海狗脂肪肥厚，已做好交配准备，却被挤到群体边缘。随后到了秋天，虎鲸还有机会捕食被留在栖息地的海狗幼崽。

◀ **"过客"虎鲸的攻击。** 右侧的虎鲸冲向一头灰鲸幼崽，试图将它与其妈妈分离后再淹死它。这头虎鲸是"过客"虎鲸中的一员，它们在北美洲太平洋海岸沿线捕食哺乳动物。春天，这一种群会伏击随着妈妈沿海岸线迁徙的灰鲸幼崽——尤其喜欢在加利福尼亚的蒙特雷湾国家海洋保护区一带觅食。

1

捕食幼崽

　　擅长捕食海豹和鲸这类哺乳动物的虎鲸，在捕猎时会像狼群一样行动，比如潜行、合作、施展策略。当座头鲸群从南极觅食区迁徙至热带觅食区时，虎鲸早已等候于此。

　　虎鲸于秋天到达澳大利亚西部沿海，捕食早产的座头鲸幼崽。座头鲸妈妈们紧靠海岸线活动，试图躲避虎鲸的追踪。不过一旦虎鲸察觉到座头鲸妈妈和幼崽的存在，便会紧追不放。成功的攻击一般只会持续几分钟或几小时。座头鲸妈妈体形太大，虎鲸难以将其拽离海面淹死，但座头鲸幼崽很小，没什么耐力，也不能长时间屏住呼吸，只能依靠座头鲸妈妈保护或其他鲸类的援助。大多数时候，虎鲸都会成功，在遭受攻击的座头鲸幼崽中，约有2/3被杀死或吃掉。

▲ **1. 生存竞赛。** 座头鲸妈妈将幼崽驮到背上，暂时躲过虎鲸的攻击。前方，6头虎鲸中有一头企图挡住雌性座头鲸的去路。队伍最前方是两头雄性座头鲸，为了保护雌性和幼崽，它们用尾巴和鳍不停拍打水面制造泡泡，并发出喇叭似的声音——使出这些障眼法遮挡虎鲸的视线。

▶ **2. 骑在妈妈身上。** 座头鲸妈妈拼命逃脱虎鲸群的追捕，筋疲力尽的幼崽则待在妈妈背上。

▶ **3. 急速甩动。** 为了躲避虎鲸，座头鲸妈妈绝望地急速甩动尾巴和鳍，附着其身上的贝壳类生物的坚硬外壳为它提供了可致命的强大武器。

▶ **4. 包围。** 虎鲸成功地使座头鲸幼崽与妈妈分离，现在它们可以强行将幼崽拽离海面直至淹死。但它们必须快速享用战利品，因为这场猎捕行动已经引来了鲨鱼，后者会来分食猎物。

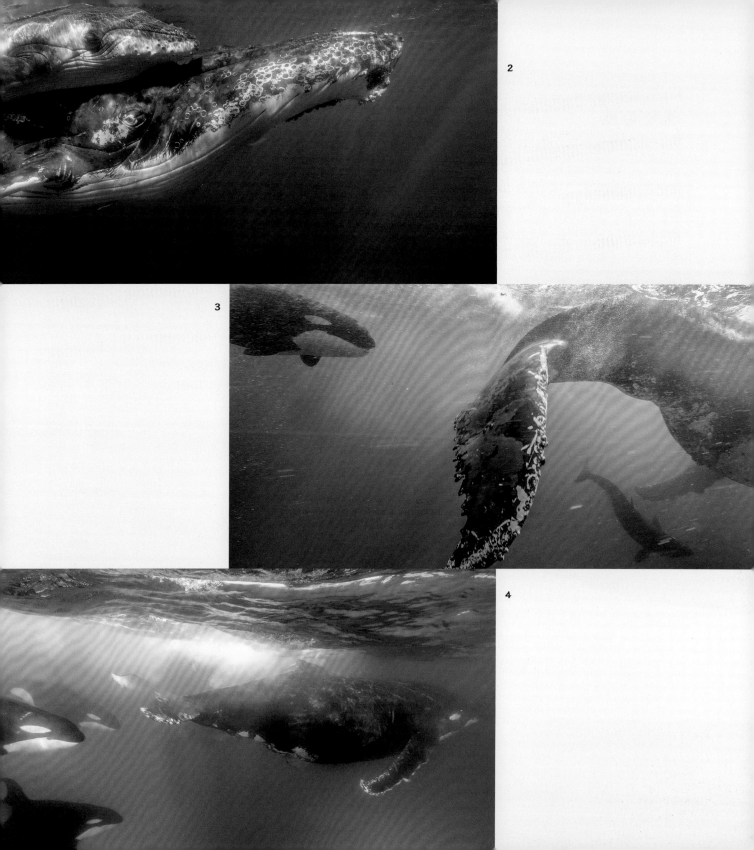

2

3

4

捕鲨的鲸

　　第 3 种生态类型的虎鲸在北美海岸出没，被称为"近海鲸"，因为它们喜欢在大陆架沿线、远离海岸的地方捕猎。这个种群的虎鲸体积更小，速度更快，数量更多，一群约有 100 头。它们同样难以捉摸，很长一段时间，它们的饮食习惯都是个谜。它们的牙齿极度磨损，有可能是经常咬鲨鱼所致（它们刺入鲨鱼皮肤的牙齿异常粗糙，曾一度被用作砂纸）。后来，阿拉

▼ **最终行动。**两头虎鲸在最终行动前确认了一只惊慌的南极威德尔氏海豹的位置：它们通过快速冲击制造出能够掀翻浮冰的波浪，将海豹冲入水中。虽然冰块已经被它们制造的第一波海浪破坏，但海豹还是爬回了冰块碎片上。

斯加的研究人员在邻近该种虎鲸的近海捕食区海面上发现了鲨鱼的肝脏。这类虎鲸好像深海潜水员，它们能在深海潜游长达 5 分钟，寻找太平洋睡鲨，这些鲨鱼的肝脏营养丰富——相较于磨损的牙齿，算是很值得的回报了。

最聪明的虎鲸

研究人员近期发现南极地区的虎鲸在使用一系列绝妙的新型捕猎技巧。其中一种生态类型被称作 A 类虎鲸，它们通常出没在南大洋的开阔海域，擅长捕杀当地常见的小须鲸。C 类虎鲸只在南极洲东部被发现过，它们身长只有 6 米，是虎鲸中体形最小的一个种群。每年春天，海上冰块消融，它们游过碎裂的冰面进入浅海区，在那里捕食犬牙南极鱼。

虎鲸中体形最大的种群是 B 类虎鲸，它们深入南极大陆四周的积冰。这种生态类型的虎鲸又有两种截然不同的捕猎技巧和两队鲸群。其中的小型群体沿着南极半岛捕猎，寻找企鹅或者鱼类。更大型的 B 类虎鲸擅长将海豹冲下浮冰。这种食物来源充足，因为南极海豹被认为是所有哺乳动物中数量最多的。

一旦发现海豹，虎鲸便会游过去，以便看得更清楚。如果是食蟹海豹，虎鲸通常会离开，转而寻找其他目标。看来即便对于这些顶级捕食者来说，食蟹海豹锋利的牙齿和易怒的天性也是个大挑战。如果是性情更温顺的威德尔氏海豹，这群虎鲸便会排成一行，一齐游向其所在的浮冰。在快到达冰块下方时，它们会猛地向下一潜，制造出一股滔天巨浪，将浮冰掀翻。可怜的海豹只能紧紧依附在浮冰上，而虎鲸不断制造波浪冲刷冰面，将海豹的避难所破坏成一小块一小块的碎冰。最终，虎鲸游到近处，方才跃出水面仔细打量它们的猎物。

海豹后退到冰缝中，用自己尖利的牙齿撕咬虎鲸。此时，虎鲸的团队协作再次上演。它们轮番上阵，用尾巴大力横扫，试图将海豹甩进开阔水面。如果这一战术不起作用，它们就会打出一阵泡泡驱赶猎物下水。海豹逃脱的情况少之又少，但凡见过虎鲸捕猎，没人会质疑它们是地球上野生哺乳动物的终极捕食者。

第 2 章
森林——躲避与搜寻

热带雨林为生物多样性提供了最大支持——仅一棵树上就可能存在超过1000种昆虫。但当你第一次走进热带雨林，会发现生活在这里的动物们都是擅长"隐身术"的专家。有些特例值得一提，比如风鸟。但基本上，热带雨林中遍布着善于高度伪装的动物，捕食者和猎物均是如此。在一个满是树干、树枝、藤木和树叶的世界，伪装自己并没有多大难度。即使在林下层相对无遮挡的地方，也仅有约2%的阳光渗透到雨林地面，对能见度并无帮助。所以对于捕食者而言，单单是发现猎物就绝非易事了。季节性森林植被密度较低，但热带雨林的能见度仍可能是个问题，所以这里也是个玩捉迷藏的地方。

▶ **雨林隐身。** 板状树根、树枝和林下植被中隐藏了成千上万的小动物，有捕食者，也有猎物。

◀ **（第50~51页）干燥森林中捉迷藏。** 在印度班达迦国家公园内，一只老虎正悄悄接近一只白斑鹿，老虎与周围环境融为一体。

常年捕食者

和一只美洲松貂玩捉迷藏着实会是一场持久战。松貂可以毫不费力地穿梭于北部温带和寒带森林的地面与树顶，是一种"来无影，去无踪"的动物——它们的代谢率之快注定了它们的生活方式之疯狂。它们对热量的源源不断的需求意味着这些独居的捕食者醒着的多数时间都在为了觅食扫荡它们的森林之家。到了盛夏，食物最富足的时候，它们可能会轮值16小时的岗。

美洲松貂在平静的森林中表现最佳，这里的地上到处散落着枯木和树枝，也更容易找到它们最喜爱的猎物。这些轻盈的食肉动物——像是白鼬和鼬鼠这样的鼬科动物——猎物范围很广，包括野兔、松鼠和鸟类，但田鼠是它们的最爱，在森林地面上的繁多物种中能找到它们的身影。

有为数众多的森林捕食者具备捕捉田鼠的能力，但是美洲松貂可以说是所向披靡，这都归功于它们的体形。松貂细长灵活的身体和短腿非常适合穿梭于树枝间，或攀爬树木或追逐松鼠，它们的身形也非常适合穿行狭小的缺口、裂缝和隧道以捕捉小型猎物。当松貂跟踪追赶一只田鼠时，田鼠几乎不可能逃脱。但是拥有理想的田鼠捕食者的体形是要付出代价的，狭长的身体意味着有一个狭小的胃。所以松貂就算狩猎成功也无法狼吞虎咽，因此寒冬来袭时，它们就无法依靠有限的脂肪储备过冬。狭长的身躯

◀ **快餐捕食者。** 在美国新英格兰地区，一只美洲松貂在森林地面上的落叶堆中搜寻食物，动作敏捷而始终充满好奇心。这种动物的高代谢率意味着它们需要不断地寻找食物，上树下洞，田鼠是其首选佳肴。

◀ **雪洞避难所。** 一只松貂走出它的露营地。松貂的生活方式意味着它们无法积攒足够的脂肪冬眠，不过它们常利用雪洞来躲避严寒。它们还狩猎积雪覆盖下的田鼠和老鼠。虽然没有办法依靠身体的脂肪，但它们每天会奋力捕食以维持自身能量的平衡：通过食物摄入的能量与活动消耗的能量达到平衡。因此像白靴兔这类较大的猎物在冬天变得更有捕食价值。

▶ **顶部的守望者。** 一只松貂在森林冠层也同样敏捷，它在树洞和树皮中寻找栖息的鸟群、昆虫和松鼠。树木还为狐狸这样的捕食者提供了庇护。在冬天，常绿针叶树林可提供高处的遮蔽，而在杂乱多木的森林的地面堆物里常可以找到啮齿类动物。

还有着高表面积 / 体积比，这就意味着，比起假定的低表面积 / 体积比的矮胖宽型身材，松貂损失热量的速度快得多。和其他所有温血动物一样，松貂产生热量的唯一方法就是燃烧能量。这就意味着要将田鼠转变为能量。这在夏天不成问题，因为夏天猎物通常很丰富，可到了冬天，寒带森林的温度可能降至零下 20 摄氏度。由于没有脂肪储备，松貂无法像其他一些哺乳动物那样冬眠，只好继续想办法觅食。

为了熬过寒冬，美洲松貂倒真是有"两把刷子"。一是它们厚实的皮毛，一定程度上弥补了巨大的身体表面积所导致的缺陷。当气温骤降时，它们能够在雪洞里寻找庇护，很像是个极地探险家，不知不觉进入慵懒模式，以保存体力。厚厚的积雪对松貂行动的影响微乎其微，因为它们毛茸茸的大脚帮忙分散了体重，让它们几乎能够在雪地表面自由跳跃。但是雪地也确实给松貂的猎物增加了另一层保护，给捕猎增加了难度。

冬季，松貂不得不成为雪下世界的捕食者，尤其是在低垂的树枝、木头和其他木堆周围形成的空间中，这里的田鼠活动还很频繁。不管松貂在哪里发现植被伸出雪地，它们都会停下脚步，顺藤摸瓜找到通往雪下空间的入口。然后它们利用自己敏锐的嗅觉和听觉来探测田鼠的踪迹——通常，

1/10 的洞里有田鼠。

通常冬天田鼠非常稀少，所以松貂也会搜寻腐肉——可能是被冻死的动物。但更大的捕食者，如草原狼和狐狸，也会寻找这些动物尸体，如果它们不把松貂当餐食的话，就会把它们视为竞争者。松貂唯一的逃生法子只能是往树上跑。事实上，科学家们现在认为，松貂的爬树技能更像是因为逃避捕食者而形成的习性，而非为了追捕栖息在树上的猎物。

擅长突然袭击的捕猎者

你通常不会想到食肉鸟是怕老婆的，但这是对雄性食雀鹰的恰当描述。雌性食雀鹰的体重几乎是雄性的两倍。这个体形差异——食雀鹰是体形最大的鸟类之一——如此之大，以至于雌性和雄性食雀鹰看起来像不同物种，这意味着它们交配养育后代是由雌性食雀鹰做主。在此期间，雄性食雀鹰设法奉上食物讨雌性食雀鹰开心，但是不能靠得太近。

蛋孵化后，雄性食雀鹰为这个日益壮大的家庭提供两周的食物，这意味着每天要杀死 10 条生命。食雀鹰生来不具备耐力，但在短时间内，其飞行速度可以达到 50 千米每小时。突然袭击是食雀鹰的制胜法宝。以雄性食雀鹰为例，它偷偷接近猎物（藏身在林地植被中）——主要是小型鸟类，如山雀和雀——当食雀鹰从隐藏处跳出来时，追逐距离短，时间快。然后雄性食雀鹰的小身形发挥了自己的优势，因为小身躯让它比它巨大的伴侣在树枝和树叶中穿梭更敏捷。在林下层追逐急转弯的猎物时，它靠在精准的时刻折叠它的圆形短翅，穿过最狭窄的空隙。

挑出捕猎目标是不容易的，事实上，10 次攻击只有一次能成功捕获猎物。食雀鹰的猎物鸣禽可能成群共处以求安全，一旦有危险，这些鸣禽就会试图用茂盛的树叶做庇护，这让食雀鹰很难穿梭。食雀鹰能一举成功是在伏击缺乏经验的幼鸟时。这就是为什么食雀鹰把自己的繁殖时间与它们猎物的成长时间安排到一起——所以，当自己的幼鸟和幼鸟的妈妈最需要进食的时候，雄性食雀鹰会有丰富的潜在目标。

每个战利品都要被小心翼翼地移交给自己的伴侣。雄性食雀鹰把食物

▲ **树冠伏击。** 当看到目标时，雄性食雀鹰俯冲过林冠，迅速而无声。它交替使用快速和深幅度的振翅短距离滑翔，闭合的尾巴充当方向舵。它有 10% 的机会捕捉到猎物。

▶（第60~61页）**实践攻击。** 一只雄性幼鹰正尝试攻击。它的个头几乎和松鸡一般大小，没有胜算，但它的攻击技能正在逐步提高。如果这是一只雌性成年食雀鹰——比雄性大得多——这只松鸡早就落荒而逃了。

送到食物供给点，然后等待雌性食雀鹰出现。伴侣飞进来后，雄性食雀鹰迅速离开，把动物尸体留给伴侣享用。这些短暂的交接过程是你可以欣赏这令人印象深刻的两性之间大小差异的为数不多的时候。

父亲的职责结束时，雄性食雀鹰面临着另一个问题——寒冬来袭。光秃秃的树木几乎无法藏身，山雀、雀和其他小型鸣禽为保障安全，现在集结成了更大的鸟群，这就使雄性食雀鹰更难偷偷地接近猎物。雌性食雀鹰体形较大，可以追逐较大的猎物，诸如松鸡、喜鹊和斑尾林鸽。对雌性食雀鹰而言，没有遮挡实际上可能是一种优势。而对雄性食雀鹰而言，生活

是艰难的，能活过 4 年已经算幸运了。

潜行、伪装和力量

很少有动物比野生老虎更令人印象深刻。如果你有幸在老虎的自然栖息地看到一只老虎，如印度中部的婆罗双树森林，那个画面可能会烙印到你的记忆中。这种最庞大的猫科动物是地球上最强大的森林捕食者。雄性孟加拉虎可以撂倒一头成年白肢野牛，一头巨大的野牛可重达一只孟加拉虎的 6 倍。但它们的主要猎物——白斑鹿、黑鹿、野猪、叶猴——实际上很少试图隐藏在森林里。相反，这些动物的安全依靠的是敏锐的感官和群居的保障。事实上，公园向导通常是通过听警报信号来定位老虎的——叶猴的

▲ **藏身。**一只雄性老虎在卡齐兰加国家公园中踩着象草潜行追踪，我们可以看到它完美的条纹伪装如何让它得以伏击捕食者。

"阿卡阿卡"声或者白斑鹿或梅花鹿的"嗷"声尖叫。这些叫声不仅是为了警告群内其他成员有威胁来临，还是为了正式警告老虎，它们的游戏结束了。

对于一次成功的捕猎而言，老虎需要保持完全隐蔽。这是它们美丽的条纹皮毛发挥自己优势的时候。在森林地面，甚至是草甸长草边缘的斑驳的光线下，金色和黑色的搭配打散了它们的轮廓，它们可以因此融入植被中。这适合守株待兔，但是老虎不能总等着猎物自己送上门，它们必须能够在同一时间扮演捉迷藏游戏的双方。这是一项富有挑战性的任务，所以知道最佳潜伏地点可以事半功倍。

雌虎的活动范围约 20 平方千米，这样的范围足以让它们对领地了如指掌——猎物经常行走的路线，猎物喜欢去的水潭，猎物喜欢什么时候

在哪里觅食。不过了解这些热点地区只占到雌虎工作的一半。雌虎还必须了解发动攻击前该藏身在哪里。对这一情况的掌握程度可能是导致生存和饿死差别的原因所在。雄虎拥有的领地大小是雌虎的 3 倍多——由于领地太大，它们只能了解个大概。再加上它们需要决斗来捍卫自己领地的压力，它们的寿命要比雌虎短几年也不足为奇。

狩猎时，老虎依赖于视觉和听觉。像所有猫科动物一样，它们的夜视能力极强，前向的眼睛使它们能够准确评估距离和深度——这在 3D 的森林世界熟练穿梭时非常有用。但是听力是老虎最敏锐的感觉。它们的耳朵像雷达天线般运作，能听到猎物极小的声响，让它们得以在灌木和树干中"看得见"。

老虎的短程速度可以达到约 65 千米每小时，但是就像许多森林捕食者一样，它们跳出藏身处之前，必须离猎物非常之近。最后几米的潜近可能需要花上 20 分钟或更长的时间，一只爪子可能悬浮在空中好久。但潜近的耗时越长，猎物越容易发现老虎，也越可能走出伏击范围。事实上，老虎狩猎的成功率只有 5%。

但当猎物进入伏击范围，强有力的后腿让老虎可以一跃好几米，死亡在老虎的尖牙咬断猎物脖子的那一刻降临。一只鹿够老虎吃好几天，但为了在这些季雨林生存，老虎必须每年这样成功狩猎至少 50 次——如果雌虎要哺育幼崽的话，需要成功狩猎的次数更多。

养育幼崽能测试出雌虎的狩猎技能的极限。雌虎可以供养多达 4 只幼崽，这意味着每 4 天就得抓住一只大鹿。幼崽们会一直依赖雌虎，直到它们大约 18 个月大。这时雌虎会开始教幼虎基本的狩猎技能，即使是在幼虎 6 个月大还未断奶时，但幼虎直到长到约 14 个月尖牙发育完全的时候才有能力杀死猎物。雌虎向幼虎展示捕猎方法的时候，幼虎很可能会大搞

◀ **群体警报**。一只老虎纹丝不动，因为它知道白斑鹿不在攻击距离内，而且自己已经暴露了。一群鹿一起觅食大大增加了发现老虎——它们的主要捕食者的可能性。其中几只鹿高抬腿走路的警告姿态是在向老虎传达信号——它们发现它了，已经准备好并且有能力逃离。

破坏，要么发出响声，要么出现在错误的时间里。

对幼虎们来说，学习如何捕捉并杀死猎物就是反复试错，即便是在它们的妈妈教学完毕后，这也是一门它们需继续学习的艺术。这就很容易理解为什么只有不到一半的幼虎能活到成年。

林冠中的杀戮

角雕是美洲体形最大且最强大的食肉鸟，也是最厉害的空中森林猎人。角雕是以希腊神话中的鸟身女妖哈比的名字命名的——哈比是一个长着锋利爪子却有着女人面孔的长翅膀的怪物。雌性角雕体重可以是雄性的两倍，有着巨大的钩状喙和一个男人手掌大小的爪子——比现存的任何鹰的都大。科学家们想把遥测跟踪器放在它们巢中的幼鸟身上，有人提醒他们要穿戴防暴装备（头盔、防刺背心、护腿和护肩），以防被雌性角雕攻击，这是悬在树冠绳索上时明智的预防措施。

庞大的体形就需要相当大量的食物，而在森林里发现和捕捉恰当的猎物是一项挑战，从一对角雕为养育下一代而花的时间就可以证明这点。一只食雀鹰幼鸟 50 天后即可独立，而一只角雕幼鸟可能得花上 24 个月才行。这一巨大的时间投资在鸟类中是独一无二的，也大大超过大多数哺乳动物。

角雕幼鸟在 6 个月后长出羽毛，但它需要一年，甚至更多时间来磨炼自己的狩猎技能，它只有在经常得到其父母帮助的情况下才能做到。成年角雕甚至可能不直接去捕捉它们鸟巢附近的猎物，而是给幼鸟锻炼的机会。等到 12 个月左右的实践结束，父母会强势地将幼鸟赶出它们的巢域。这是角雕宣布这片领域不够它们一家三口生存的方式，如果父母要养育另一只幼鸟，这种情况就更紧迫了。

角雕以其相对较小的翼展——这一适应性增加了其在树冠树枝中穿梭的灵活性。它们的视力比起一般人类要强达 8 倍，它们还有极佳的听力，其盘状脸形更有助于收集声响，强化听觉，极其适应雨林栖息地。它们面临的主要问题和大多数森林捕食者一样：在五花八门的植被中寻找猎物，然后神不知鬼不觉地靠近猎物。这又是捉迷藏，这一工作被角雕青睐的某

▶ **真正的角雕。**雌性角雕在鸟巢附近休息，露出了它的大脚和巨爪，旨在抓住并杀死一只树懒或猴子。它胸前的羽毛因为养育它的幼鸟近一年而被弄脏了，而它的幼鸟还要在鸟巢里待上好几个月。

种猎物搞得更加难做。

角雕的饮食范围因区域而异，可能包括野猪、刺鼠和犰狳，以及鸟类和爬行动物。但它们最喜欢的猎物一般是生活在树上的哺乳动物，比如树懒或猴子，这就是为什么它有时被称为食猿雕。

树懒有着慢动作的生活方式和超强的隐蔽色——全因它们身上覆盖着长有藻类的皮毛——很难在大片枝叶中被认出来。猴子则更具挑战性：行动敏捷、天生聪明、视力超群，还总是群居，这意味着许多双眼睛都在注意着危险。它们也可能具备危险性。它们强壮的胳膊和强大的握力——更别提牙齿了——很容易损伤角雕脆弱的翅膀。因此，狩猎的成功需要时间和耐心。令人惊讶的是，由于角雕体形庞大，居然很少有关于它们的狩猎行为的第一手资料。但是，鉴于它们的栖息地、领地大小和从地面监测到的情况，或许这就不足为奇了。

要想看到一次成功的狩猎，你需要得到森林之神的保佑。很少有人看到角雕把吼猴抓出树顶，带到树林上空——没有如此壮举，因为一只成年吼猴的体重和一只雌性角雕一样。目击事件总是发生在林隙附近，比如河流湖泊的边缘，在那里有可能看到树冠。但这些年来，科学家、博物学家和电影制作人通过观察已经将它们的捕猎策略拼凑出来了。

角雕捕猎从来不从林冠上空俯冲向猎物。它们的方法通常都是偷偷埋伏，隐藏在林冠中，等待猎物出现。一旦角雕有了目标，它们就会进入潜行模式，直到足以发动突然袭击的距离，就像美洲豹在森林地面上的偷袭方法一样。它们从背后发动袭击，在角雕巢周围工作的科学家们非常了解这一点。那些受到攻击的猎物背部受到了攻击才知道角雕在哪里。一旦猎物被抓到，就会被带到森林地面，角雕会在那里用它们13厘米长的后爪刺穿猎物——它们的后爪比棕熊的还大。

◀ **护子的妈妈。**角雕妈妈正蜷伏在一只树懒的尸体上，把树懒肢解给幼鸟吃，它坚持为幼鸟抵挡每天的倾盆大雨。这个鸟巢在林冠高处，也没有天敌威胁这只巨大幼鸟的生命。

一些专家认为，角雕有能力摸透它们领地上的所有灵长类动物——评估猴群中哪些具有危险性，哪些是潜在目标。毫无疑问，它们花了很多时间监视它们活动范围内的潜在猎物。偶尔角雕甚至通过将注意力转到自己身上的方式捕捉猴子，它们在藏身处发出叫声，然后听猴子们的反应。如果猴群中产生的反应很少或没有警戒反应，那么这些猴子显然没有注意到角雕，这样就值得角雕冒险攻击。

凶猛的小跳跃者

在微观世界正在进行一场更大型的捉迷藏游戏。森林提供了无限的藏身处，其中最值得一提的是，针对厄瓜多尔的亚马孙森林的一项研究，光是在一种树上就发现了成千上万种甲虫。在无脊椎动物捕食者中，最常见的可能就是蜘蛛了，在每一个热带雨林中，即便没有数千种，也有数百种。它们中的许多都布陷阱——无形的网，等待经过的昆虫被蜘蛛网捕捉住。而跳蛛采取追踪伏击策略，这样可以抓住许多比它们自己体形还大的猎物。

跳蛛中最不可思议的就是波西亚跳蛛。来自亚洲森林的拥有白色触须的波西亚跳蛛根据猎物来调整狩猎技术，由于太全能，它们被称为"八脚猫"。它们的主要猎物是结网的蜘蛛，波西亚跳蛛在蜘蛛结的网丝上潜近捕捉它们。困难之处在于潜近过程中不被结网的蜘蛛发觉。如果波西亚跳蛛磨磨蹭蹭，目标就会匆忙撤退或者索性发飙。为了与之抗衡，波西亚跳蛛能使出五花八门的招数。如果有微风摇晃蜘蛛网，那么它们就会顺着这几缕丝线计算自己的行动，以与蜘蛛网的摆动频率同步。如果蜘蛛网主人起疑了，那么波西亚跳蛛的伪装也许会让视力不好的结网蜘蛛认为是捕到了碎叶。

有时波西亚跳蛛的策略是模仿被困昆虫挣扎或是雄性求爱的信号来吸引可能的受害者——重复任何一种能成功引诱猎物靠近的活动模式。这可

▶ **跳到喷液蜘蛛背上。** 长着毒牙的波西亚跳蛛咬住喷液蜘蛛。它从背后爬向猎物，一定程度上是为了避免这只喷液蜘蛛冲它吐毒黏丝，然后它跳到喷液蜘蛛身上将喷液蜘蛛咬死。它巨大的眼睛象征着敏锐的视觉。

◀ **有节奏地狩猎。** 波西亚跳蛛小心翼翼地走在蜘蛛网上，捕捉蜘蛛网主人——布网蜘蛛。它通过有节奏地拉扯网线来模仿被困昆虫的动作以引诱它的猎物靠近自己。当布网蜘蛛过来一探究竟时，波西亚跳蛛就会发动突袭。

能需要一段时间，但波西亚跳蛛似乎有无尽的耐心。在一次观察期间，波西亚跳蛛花了 3 天时间晃动蜘蛛网才最后得到回应。

如果事情不按计划的那样发展，结网的蜘蛛又开始变得有攻击性，那么波西亚跳蛛就会撤退，再想新策略。它们也许会绕道，试图换个方向接近目标，保持出其不意。这对无脊椎动物狩猎者来说是特别老练的手法。

波西亚跳蛛最难捕捉的猎物可能要算是喷液蜘蛛。这种蜘蛛喷射一种毒液和丝线的混合液来杀死猎物，这种混合液接触猎物时会凝固。所以波西亚跳蛛不得不从背后发动攻击——除非喷液蜘蛛嘴里满是卵，波西亚跳蛛才会冒险发动正面攻击。这是另一个呈现蜘蛛狩猎才智的例子。

小型灵长类食肉动物

夜色的掩护给猎物提供了另一层保护。这就是那么多易受攻击的小型森林动物都在夜间活动的原因。在夜间捕食的捕食者因此需要格外敏锐的感官。拿东南亚眼镜猴来说，它们在同体形的哺乳动物中眼睛最大。每只眼睛都跟眼镜猴的大脑一样硕大而深沉，这给这些群居的小灵长类动物提供了异常的夜视能力。它们也是唯一的完全肉食性的灵长类动物。它们主要吃昆虫，比如纺织娘——丛林蟋蟀——也会抓蜥蜴、小蛇，甚至是鸟。

对眼镜猴的狩猎策略最恰当的形容是又跳又咬。它们强大的后肢就像螺旋弹簧，能够让这种袖珍捕食者从一个静止的地方一跃 5 米。除了超大的眼睛和弹跳力强的四肢，眼镜猴的其他能力还包括头部能够朝任意方向旋转近 180 度，这给了它们 360 度的视野，让它们不用挪动四肢就能轻而易举地环顾四周的环境。它们还有能够听到极小声响——如昆虫移动时发出的声响——的敏锐大耳朵。

最近有研究发现，眼镜猴甚至可以听到和发出超声波——这在陆地哺乳动物中很罕见。这一发现让菲律宾眼镜猴得到了可发出世界上最高频率叫声的灵长类动物的美誉。眼镜猴就像是拥有自己的私人通信通道一样，其他种类的猎物和捕食者根本听不到它们之间的交流。

但是眼镜猴的小身材——不包括尾巴，全都小于 16 厘米——意味着

◀ **夜间跳跃者。**一只菲律宾眼镜猴正津津有味地咀嚼着一只蟋蟀，这只蟋蟀在几秒钟内就被捉到并当场被啃食。眼镜猴是唯一完全食肉的灵长类动物。它们夜间捕猎的适应性包括高度敏锐的听觉、可旋转的耳朵、在所有哺乳动物中比例最大的眼睛，这些使它们具有了晚上能够看到极其微弱的光，以及听到超声波的能力。

▶ **现身打猎。**幽灵般的眼镜猴在印度尼西亚苏拉威西岛的热带雨林中，从它们白天休息的地方出来，开始狩猎。它们用弹簧板般的大长腿跳跃，既为了捕捉猎物，又能在树木之间移动。它们的前爪和后爪也非常长，每一根都有爪垫帮助抓握。

它们也很容易受到其他夜间捕食者的伤害，如麝猫、猫头鹰和大型爬树的蛇。这就可以解释为什么一些眼镜猴以小群体为单位生活。这不仅意味着可以有更多的眼睛留心危险，眼镜猴还能作为一个团队聚集起来，围攻如巨蟒这种潜在的威胁。

狩猎群计划

我们对于我们的近亲黑猩猩的流行看法是，它们是高度群居的、聪明的、吃水果的动物。但是，它们不仅吃植物性食物，它们还是捕食者——

捕食其他灵长类。这需要它们组成狩猎群，靠猎物补充额外的蛋白质，这一行为在热带雨林哺乳动物中几乎闻所未闻。

在科特迪瓦的大森林，黑猩猩的主要猎物是红色髯猴。单只黑猩猩难以追上穿越树冠的髯猴群，如果它真设法靠近了，那么轻盈得多的髯猴就会撤退到非常细长而无法支撑一只猿的树枝上。因此，为了有成功的机会，黑猩猩需要设置一个陷阱。

黑猩猩狩猎群的平均数量是 4 只或 5 只，不过也可以多达 10 只或少至两只。两只一组的话，狩猎成功的机会急剧下降，不过即便数量翻倍，成功率也可能只有 33%。能否成功还取决于经验。雄性黑猩猩，并且只有雄性在 6 岁左右开始学习狩猎技巧，直到 30 岁时才能成为捕猎能手。只有在雨季才值得黑猩猩花精力猎猴，这时候，由于很难抓牢不稳固的树枝，

◀ **狩猎群的施舍。** 成功捕获红色髯猴后，黑猩猩狩猎者们开始分配食物，而该群落中的其他成员在一旁眼巴巴等候着。个别狩猎者会赠送一点猎物给喜欢的黑猩猩吃。这样的分享可以帮它们建立和巩固友谊。雌性黑猩猩也可能选择与和它慷慨分食的雄性黑猩猩交配。

▼ **与伴侣分享。** 一只受喜爱的雌性黑猩猩即将和其中一个狩猎者分享一条猴腿。

髯猴在两棵树间跳跃时就会更小心，也不太愿意去抓住脆弱的树枝。也是在这时候，雌性髯猴生育了后代，这让整个猴群的行动能力都大大降低了。

　　是什么线索让黑猩猩开始狩猎还不清楚，但当它们开始行动时，整个狩猎群一片寂静。大家心照不宣，几只黑猩猩开始爬上树。一只黑猩猩会充当领头者，其余的上前充当阻挡者或者伏击者。当所有黑猩猩都各就各位时，领头者开始向猴群移动。由于猴群耳目众多，髯猴没多久就会发现黑猩猩中的领头者并且逃跑。它们不总是朝它们预设的方向逃跑，因此阻击者们必须相应地调整位置。

　　如果一切按计划进行，髯猴群会进入其中一只伏击者的攻击距离，这只黑猩猩会抓住一只较小较弱的猴子。仅有一只黑猩猩能抓到猎物，但是所有狩猎成员都能分一杯羹。一次成功的狩猎让森林中回荡着黑猩猩们激动的尖叫声。最终的狩猎成功者决定谁获得什么——主要是由地位决定的。这导致一些科学家推断，狩猎和分食比起觅食需要，更像是一种旨在建立关系和忠诚度的群居行为。

吃光路上一切动物的行进物种

有一种热带雨林捕食者将合作狩猎发挥到了极致：中美洲和南美洲的行军蚁。它们以庞大的数量弥补了体形的不足——蚁群中行军蚁的数量超过 100 万只。在一定意义上，一个蚁群就是一个巨大的超个体，一天之内就可以收获惊人的 30 000 种猎物，这使其成为世界上最成功的捕食者。

一支突袭小队鬼针游蚁（200 种行军蚁中被研究最多的）就令人大开眼界。一个蚁群可宽达几米，长达 200 米。如果你踏进一个蚁群——也许是因为你一直在寻找林冠上的野生动物——它们存在的第一个迹象可能会是你的腿部有刺痛感，因为一只兵蚁正在用它大镰刀一般的颚刺进你的肉。的确，它们的颚是如此强大，一些美洲印第安人部落都用其来缝合伤口。而且不是只有兵蚁才会造成伤害：工蚁还有刺毛。随着蚁群横扫森林地面，地上的碎叶也因动物们的逃跑而嘶嘶作响。如果有一刻可以好好欣赏热带雨林不可思议的生物多样性，那就是这一刻了。各种各样的小动物在四处乱窜——蝎子、蜘蛛、蟋蟀、甲虫——每个小动物都在努力跑过这个狼吞虎咽的蚁群，能成功的并不多。

一支行军蚁突击队的管理高度军事化，虽然没有一个领导者，但是成千上万的工蚁通过触觉和化学（信息素）通信来协调行动，彼此响应。这种协调一致因蚂蚁都是"盲人"而更令人印象深刻。这一长队向前挺进时，蚁群保持 3 列纵队，一列在内，两列在外。内道由搬运食物的蚂蚁组成，它们沿着早前蚂蚁铺设的信息素路径，用最短的时间回到大本营。两条外道由同样沿着信息素路径向蚁群前方移动的蚂蚁组成。分成 3 列是为了让走进走出的蚂蚁不会撞上对方。

猎物主要因为发出震动被它们探测到。最细微的移动也会吸引这些蚂蚁，就像磁铁吸引铁屑一样。小猎物被刺死，较大的猎物则被制服并肢解。即便是巨大的狼蛛——本身就是强大的捕食者——对抗这种协同攻击的胜算也微乎其微。其他群居昆虫的巢穴有更大的回报。不过制服一群胡蜂或蚂蚁是得不偿失的。行军蚁和阿兹特克蚂蚁之间的冲突可以持续 40 分钟或更久，过程和好莱坞大片里的打斗场面一样精彩。随着双方成员被

▲ **超个体的触须。** 一支突击纵队中的工蚁们由一只"少校"行军蚁保卫着出发进入森林，从乳白色的头部和巨大且尖锐的镰刀形"下巴"（上颚）就能认出"少校"行军蚁来。一旦第一个猎物被抓住，工蚁就会在内部形成一群，由涌向外部的工蚁们侧翼包抄，每只工蚁携带或帮助携带一块块猎物回到大本营。

杀死，战争优势可能从一方转移到另一方。但通常都是行军蚁以不间断的压迫及威力获胜，它们夺走战利品——阿兹特克蚂蚁的幼虫，蚁巢内的每个幼虫都会被带回行军蚁的营地。

对抗行军蚁的一项行之有效的防守策略是保持纹丝不动，这利用的是行军蚁失明的特点。行使这一策略需要钢铁般的意志或者本身是一只竹节虫。即使行军蚁咬竹节虫的腿，竹节虫也会保持静止。受到行军蚁逼近威胁的一些蜘蛛和毛虫会采取的另一招，即顺着它们的丝线往上爬出蚁群攻击的范围：三十六计，走为上策！

数量大，效率高

行军蚁成群狩猎，包括攻击、征服和肢解包罗万象的猎物：一半可能是其他蚂蚁，一半是大型节肢动物（例如蜘蛛和蟋蟀）。如果猎物纹丝不动，还有生还的可能。但是它一动弹，蚂蚁们就会螫它。

与中等体形的工蚁相伴狩猎的是体形大得多的"少校"副手——搬运蚁。一只工蚁能搬回去一块小的食物，比如一只蚂蚁，而一只搬运蚁能搬动更大的东西。它还会肢解更大的猎物，因为它的巨型上颚可以刺穿结实的皮层，而团队协作可以撕开大动物的关节。搬运蚁也有长腿，因此它可以把大块食物带在身下。但如果东西太大，它无法自己携带在身上，一群工蚁会集结起来帮助它。它们的数量精确匹配食物的质量。食品搬运速度是设定的行军速度（大概是为了保持蚂蚁大道畅通无阻），蚂蚁们腿部协调运动以达到最有效的负荷运输。

▶ **1~4 蟋蟀之死。** 南美洲的布氏游蚁工蚁群涌上未能跳过它们行进路径的蟋蟀。它们拱起腹部，将刺毛插入蟋蟀的身体。搬运蚁也加入进来，用它们更大的上颚侵入猎物表皮，同时工蚁们把蟋蟀的四肢拖拽出来。一旦蟋蟀被肢解，蚁群就聚集到一起，每组一只搬运蚁，把食物碎片搬走。

1

2

3

4

追随者和抢夺者

　　至于那些侥幸逃脱行军蚁的动物，通常都跳进了其他食肉动物的口中。事实上，已知超过 500 个物种从行军蚁的行进中获益，其中包括捕捉逃跑昆虫的绢毛猴，模拟行军蚁的气味跑在它们旁边的食肉甲虫，以及在逃窜的昆虫脑袋上产卵的寄生苍蝇。最值得注意的追随者是蚁鸟。一些蚁鸟，例如眼斑蚁鸟，太过依赖于行军蚁觅食，以至于离开它们会饿死。为了获得足够的食物，它们同时监控几个行军蚁种群的行踪，因为行军蚁不是每天都出去觅食，并且蚁群经常移居去新巢。

　　像布氏游蚁这种行军蚁有两个明显的阶段——游牧期和定居期。定居

▲ **日常追随者。** 点斑蚁鸟按日常惯例，在行军蚁队伍一旁捕获逃离可怕蚁群的昆虫。这种蚁鸟并不完全依靠行军蚁来驱赶出食物，但是 20~30 种其他鸟类常被发现和行军蚁在一起或是专门跟随这支大部队。

▲ **食品运输团队。**一只搬运蚁将被肢解的昆虫的部分肢体搬回营地。它有咬合力强的上颚和超长的腿，身下携带着沉重的负载。它还有两个来自基层工蚁的小帮手。从搬运蚁身体两边可以看到外出往大部队前方爬行的工蚁的腿。

期长 20 天，这时候随着蚁后产卵多达 10 万个，蚁群变成了蚂蚁养殖场。在此期间，行军蚁可能无法每天狩猎。它们狩猎时总会在一块新的森林地区，因为它们从蚁穴出来后会改变觅食方向。这将确保它们不在刚被"收割"过的区域狩猎。

在 15 天的游牧期，行军蚁每天都进行侵袭，扫荡森林中的新区域，前进大约 100 米。这种行为也需要考虑它们侵袭区域的猎物密度。这是行军蚁满足自己种群巨大食物需求的唯一方法。

若以所吃猎物的总质量来衡量，这些行军蚁比美洲豹们对森林产生的影响还大，就超个体而言，它们可以说是森林里最大的捕食者。

第 3 章
平原——无处藏身

　　说起"无处藏身"这个词，总会让人联想到前狼后虎却无路可逃的噩梦，这是恐怖电影里常见的情境。然而对于居住在平原、草原和沙漠上的动物而言，此般噩梦却是现实。羚羊之类的平原食草动物全无藏身之处，因此不少都会选择群居以求安全。从坦桑尼亚塞伦盖蒂平原向肯尼亚马赛马拉草原迁徙的上百万头角马也是其中之一，还有雪雁等在地面筑巢的鸟类。无处藏身对于捕食者来说也同样是个问题，因为即使自己没有被目标猎物发现，也可能被它的同伴之一察觉。想在这种开阔的环境中生存下来，那就需要采取特殊的策略。

▶ **平原族群。**角马在寻找新鲜的青草。在无处藏身的大环境下，大多数食草动物会结成族群以策万全。

◀（第 84~85 页）**10 秒冲刺。**猎豹腾空而起，以完全舒展的身姿冲往汤姆森瞪羚即将拐向的路线。

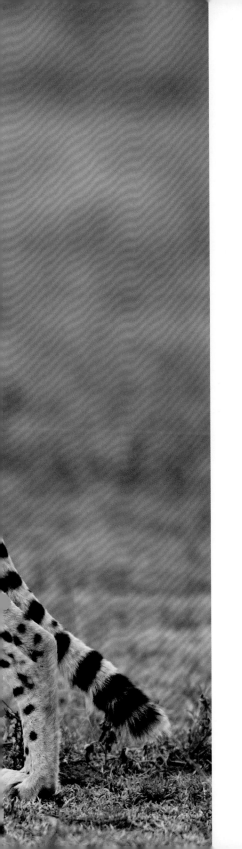

致命极速

　　猎豹拥有最适合在开阔平原上生活的身体条件。它们在 1 秒之内就能跑 30 米，比任何赛车都快，这样非凡的速度和加速能力简直是专为开阔平原而设计的。它们能凭借冲刺追上猎物，虽说能否得手还得看谁更敏捷，但敏捷性也正是猎豹的长处。然而这些过人之处都是需要付出代价的。猎豹身躯柔软纤细，这就意味着它们难以抵挡来自狮子、鬣狗甚至秃鹫的侵袭。

　　由于缺乏遮蔽物，猎豹不光很难在冲刺距离以外跟踪猎物，也很难藏匿猎物以免被竞争对手觊觎。即便有树也没什么用，猎豹又不像豹子能爬树，更别说把猎物藏在树上了。猎豹会将猎得的动物拖进灌木丛或草丛里藏起来。但鬣狗有敏锐的嗅觉和听觉，据说它们能听到几千米以外啃骨头的声音；而秃鹫的嗅觉和听觉更可谓是超乎自然了，它们能迅速地发现平原上的尸体。而且大家也知道，狮子和鬣狗都会通过盘旋的秃鹫找到尸体。当这两种强大的食肉动物中的任意一种出现时，猎豹也只能放弃它们的猎物了。

　　平均来讲，猎豹捕得的猎物有 15%~20% 会被更强大的竞争对手抢走，而在某些地方，这个比例能达到 30%。可能正因如此，猎豹总在白天最热的时间狩猎，通常这种时候比它们强大的竞争对手都还在阴凉处休息。猎

◀ **冲刺姿势。** 猎豹是平原上速度最快的动物，照片中，它正专注地观察着在附近吃草的羚羊。时刻保持警惕才能准确判断出何时开始冲刺。这一侧面的影像展示了猎豹修长灵活的背部、肌肉发达的长腿和用来扳倒猎物的带爪前脚。

豹进食的速度也很快，它们可以在不到两小时之内就吃掉一整只成年汤姆森瞪羚。猎豹兄弟联手共同管理领地能帮助它们更好地抵御侵袭。

无处藏匿幼崽也威胁着猎豹的生存繁衍。纵观猎豹的活动区域，其幼崽只有不到 5% 能长大成年。生存率低的原因包括被其他食肉动物（特别是狮子）袭击。

年轻的猎豹需要努力学会在缺乏遮蔽的环境下移动而不被发现，还要学会把握追逐的起点，它们与猎物的距离通常不能超过 30 米。即便猎豹长到了能独立捕猎的年纪，它们的预期寿命也不会很长。平均来说，雄性不会超过 3 岁，而雌性也只有 6 岁多一点。

▲ **争斗。** 猎豹扑上来要把抓到的雄性葛氏瞪羚摁住时却被掀翻了。瞪羚虽然断了一条腿，但仍然逃脱了；这距离猎豹上一次狩猎成功已经一周了。

▶ **远观。** 猎豹家族试图挡住鬣狗。但只要一只鬣狗出现，很快就会有更多的鬣狗到来。为了食物与鬣狗群打斗受伤是不值当的。然而在竞争对手不是太多的情况下，成年猎豹兄弟也有可能会联合起来保卫食物。

◀ **退路。** 一只狞猫刚从土狼爪下逃出生天，正在考虑要不要往树的更高处爬。虽然狞猫总的来说以地面觅食的鸟类、野兔和鼠类为生，但它们的捕猎范围却不止于此；必要时它们会用自己强大的弯爪爬到高处捕食。

▶ **捕捉。** 狞猫一个跃步，摁住了想要飞走的红嘴鹀鸹，并用自己的两只前爪抓住了它。

"跳" 出生天

　　如果你说了招惹是非的话或做了引祸上身的事，别人会说你"往鸽子堆里扔了只猫"。其实这说的是狞猫与它们捕猎时异常敏捷的身手。狞猫是生活在非洲和亚洲的一种猫科动物。在伊朗，人们会将训练有素的狞猫放入有许多鸽子的舞台当中，赌这只狞猫能放倒多少只鸽子。据说，最高纪录是瞬间击倒 12 只。

　　狞猫最显著的特点除了带毛簇的耳朵和金黄的毛色以外，就要数它们的后腿了。狞猫的后腿健壮有力，明显长于前腿。这让它们要抓飞鸟时能一下跳到 3 米高。狞猫也是类似大小的猫科动物中跑得最快的，足以追上像野兔这样的猎物。而且狞猫能杀死像小羚羊这种比自己大两三倍的猎物，小型猫科动物鲜有能做到这点的。因此狞猫的捕食范围比较广，哪个物种当时数量最多，它们就能以哪个物种为食。

　　虽说狞猫比非洲野猫更喜欢开阔干旱的地方，但它们也需要一些遮蔽，以便尽量跟得更近一些再冲出来扑杀猎物。狞猫有敏锐的听觉，它们的耳朵能像抛物面天线一样精确地定位猎物的位置。

跟踪，冲刺，跃起，猛击

　　上图中的狞猫正在追踪猎物，它匍匐前进，想凭借自身沙灰色皮毛的伪装在最后冲刺之前靠近猎物到5米以内。在非洲南部，小到蜥蜴、老鼠和小型鸟类，大到岩蹄兔（像豚鼠一样的小动物）、跳鼠（体形大且行动敏捷的啮齿类动物）和跳羚（中型羚羊），都是狞猫的猎物。

　　狞猫也吃当地常见的珍珠鸡，但珍珠鸡比较难抓到。想发现珍珠鸡并不难，这种鸟色彩鲜艳且聒噪。它们通常20只左右一群，总在到处刨地。但要靠近它们却并非易事，这跟成群结队的鹧鸪和在地面觅食的鸽群是一样的。成群的珍珠鸡观察力超强，一般都能在捕食者靠近到攻击范围之前就发现它们。然后，一旦听到警报，它们要么飞到空中，要么迅速地跑掉。没有捕食者能轻易打破结群防御这种安全壁垒，因此只要附近有更容易捕捉的猎物，狞猫就会优先选择。

▲ 尽量靠近。狞猫跟到了数米之内，它盯上了在地面觅食的鸽群中的其中一只。它匍匐不动，等待着最后冲刺的机会。

▶ 1~2 起跳。狞猫在冲刺捕捉地面目标失败后，凭借修长的后腿把自己弹向空中，希望能把鸽子拍下来，但它错过了时机。

▶ 3~4 落下。错过了一次时机后，敏捷异常的狞猫在半空转身改变目标，扑向另一只鸽子，但再次错过。

闻一闻，挖出来，吃掉它

　　身为捕食者也有可能会被更大的食肉动物捕食。而被《吉尼斯世界纪录大全》誉为"世界上最无所畏惧的动物"的蜜獾则能成功抵御比它们大许多的捕食者。蜜獾有强壮的爪子和厚实的皮肤，而且通常成为攻击目标的颈部那一圈的皮肤尤其厚。如果有敌人从它们的背后进攻，蜜獾松弛的皮肤可以使它们转过身来爬到敌人的上方。它们还有一个法宝——肛腺，那里能释放出令人窒息的臭味。要捕食这种身有恶臭又肌肉发达的鼬科动物，即便是狮子也会三思而后行。一些科学家甚至认为猎豹幼崽为了模仿蜜獾的毛色而进化出了银色鬃毛，而它们的动作有时也确实与觅食

▶ **刨洞机器。**一只蜜獾停在了它的巢穴入口，向我们展示它巨大的爪子和肌肉发达的肩颈。

▼ **猫科动物也模仿蜜獾？**有人认为猎豹幼崽的皮毛颜色与蜜獾很像。这样一来，在猎豹幼崽遭遇那些已经体验过蜜獾的凶猛与鼬科动物防守气味的天敌们时，这种皮毛还能有些许保护作用。

中的蜜獾很相似。

蜜獾基本上"见啥吃啥"。在非洲南部的卡拉哈里沙漠，它们以能猎食超过 60 个不同的物种而闻名——从瓢虫、蝎子和蛇到啮齿类动物、蜥蜴和鸟类，还会上树找蜜蜂的巢，把蜂房痛快地洗劫一空。它们代谢能力强，因此胃口很大。

蜜獾平均每天要吃 1 千克的食物，而有一只 11 千克的雄性蜜獾曾创下一天吃掉 6 千克肉的纪录，其中包括 4 条成年鼹鼠蛇、2 条蝰蛇和 7 只老鼠。它那一周吃得也并不清淡：那天的前一天它吃了超过 2.5 千克的肉，而之后的那天，它又吃掉了 3.3 千克的肉。

蜜獾最强大的捕食工具是它们的嗅觉，这也弥补了它们视力不好的缺陷。蜜獾的大多数猎物都生活在地下，因此它们的捕食策略可以总结为：闻一闻，挖出来，吃掉它。蜜獾每天能挖 50 个洞，长度超过 40 千米。挖洞也是有技巧的。蜜獾捕食啮齿类动物时，会交替地挖 2~3 个洞，同时用自己的后脚堵住出口。

捕食鼓腹巨蝰之类的毒蛇难度更大，即便毒蛇能成功反击，蜜獾也从未空手而归。据观察，蜜獾对大多数蛇的毒素都是免疫的。

虽说蜜獾多在夜间活动，但白天温度较低的时候，它们通常也很活跃。在食物比较缺乏的时候，比如在卡拉哈里沙漠的干冷季节，它们白天的活动时间会更长，而且肆无忌惮。没有强大的食肉动物威胁，确实没有低调的理由。有一种动物利用了这一点。在非洲南部，淡色歌鹰已经学会跟随觅食的蜜獾了。它们会从岩石或树丛的制高点扑向任何从蜜獾爪下逃脱的猎物。这是一个非常有效的策略，逃脱的猎物中有 60% 都被淡色歌鹰收入腹中。淡色歌鹰受益匪浅，蜜獾却没捞到什么好处。

◀ **毒蛇杀手。**蜜獾挖了一个洞，奋力拽着一条巨大的鼓腹巨蝰的尾巴，将它拖出洞来。蜜獾不怕蛇，对毒液免疫，经常一口咬住它们的头将其咬死。为了寻找食物，蜜獾不放过任何地洞、石缝或土堆，通常在这些地方都能找到正在休息的蛇。

▶ **诱惑效果。**这是一个焕发着诱人光点的白蚁巢穴。制造出这种发光场景的是叩头虫的幼虫。它们的巢穴就建在白蚁城堡的外墙上，等到了白蚁婚飞的时节，它们的光就把白蚁城堡变成了夺命灯塔。

◀ **危险之光。**一只叩头虫的幼虫正闪着光，等待着猎物。如果有长翅白蚁或蚂蚁太靠近光芒，幼虫的钳子就会抓住它，把它拖进洞穴里。幼虫在把捕获的食物藏在储存室里后，会继续捕食。

夺命灯塔

在地球出现人类之前数百万年，就已经有另一种动物学会了以城堡或堡垒作为防御。在全世界几乎所有的热带平原或草原上，你都能发现地上有被晒干的小土丘。有些大得让人惊讶，最高的超过 12 米，这些巨型的建筑都是由不起眼的小昆虫建起来的，它们就是白蚁。

白蚁大约有 2 600 种，均以植物为食，它们以多达数百万的数量结成王国居住。它们也是世界上最富含蛋白质的食物之一，被列入了 130 多种动物的食谱中，其中也包括人类。因此，这些身体柔软的昆虫学会了住在坚如岩石的巢穴里自保也就不奇怪了。这些巢穴不怕火烧，不怕雨淋，还能抵御大多数的捕食者。

为数不多的能攻入白蚁巢穴的动物只有土豚和大食蚁兽了。这两个物种都有铁钩般的利爪，用来撕开土墙；还有又长又黏的舌头，能伸进巢穴网络里的通道。大食蚁兽的舌头有 50 多厘米长，一分钟之内能从它们那没有牙齿的吻部伸出并缩回 160 次。因此只需多找几处巢穴，它们就能在一天之内圈入成千上万的白蚁。白蚁的巢穴一旦被破坏，兵蚁就

会向入侵者展开极其凶猛的攻势。大多数捕食者坚持不了 10 分钟就得被迫离开。

而另一种白蚁捕食者的策略就大不相同了。位于巴西的塞拉多草原是世界上白蚁巢穴最为密集的地方，那里的白蚁土堆城堡通常都超过 2 米高。仔细观察废弃的土堆，你能在它们粗糙的表面上发现一些细小的洞。这些是捕食者叩头虫幼虫的穴道，它们又被称为头灯叩头虫，一个土堆上可能有 400 只之多。

每只叩头虫幼虫都会在土堆外壁上挖一条 U 形的穴道，在化蛹之前它们都会住在那里。幼虫会把穴道的一端空间加大建成耳房，用以储藏它们

▲ **塞拉多夜景。**雨季过后的巴西塞拉多草原上，到处都是闪耀着叩头虫幼虫光芒的白蚁巢穴。（天空中的绿色光线来自一只成年叩头虫，这是通过长时间曝光拍摄到的景象。）只有在白蚁婚飞和天空中遍布飞虫的夜里，叩头虫幼虫才会闪烁出那种危险的光芒。

▶（第 104~105 页）雪雁风暴。

数千只雪雁起飞，离开它们在美国密苏里州的夜间栖息地，飞往周边地区觅食。冒险冲进这样一个鸟群中猎杀实属鲁莽之举，因此捕食者们需要采取其他策略。

捕捉到的白蚁。它们所面临的问题是如何做到既不需要进入白蚁的城堡，又不需要离开自己安全的洞穴就能捉到白蚁。它们的答案既凶险又壮观。

白蚁城堡出现裂口显示出了蚁群交配与创立新王国的需求。每年雨季过后，土壤变软到足以挖洞时，成千上万有繁殖能力且长着翅膀的白蚁（即长翅繁殖蚁）就会从蚁穴中飞出。这些长翅繁殖蚁正是未来的蚁后与它们的追求者们，而每只蚁后的目标就是要建立一个新的白蚁王国，但成功的概率很低。在外界恶劣的捕食环境下，大约只有不到 0.5% 的蚁后能存活下来。空中飞的躲不过飞鸟的利爪，落到地上的又避不开青蛙和蜥蜴。叩头虫的幼虫则选择了一个很耐心的方式，它们为了这次机会可能已经等待 10 个月了。

大多数长翅繁殖蚁都在黄昏时分出动。这时叩头虫的幼虫也探出洞来，由胸腺产生的荧光开始在黑暗中闪烁，土堆上随之有上百个小绿光点开始闪耀。生物荧光聚集到如此庞大的数量也真是一种旷世奇观了。

长翅繁殖蚁被这些绿色的小光点引到了土堆上。一旦有白蚁停落在捕食范围之内，叩头虫的幼虫就会用钳子般的口器抓住它，把它们拽进穴道内，存放在储存室里，然后继续回去捕食。长翅繁殖蚁一年里就只有几个星期会出现，所以对于叩头虫的幼虫而言，它们的这次出现有可能是下次雨季到来之前的最后一次捕食机会了。每只叩头虫幼虫要想捕捉到足够的食物供其成长发育到成年期，至少需要两个雨季。

以少胜多

在无处藏身的环境下，最好的安全策略之一就是结群而居，其中最突出的例子就是每年春秋季在美国密苏里州斯阔奎克集结的大群雪雁了。

雪雁往北迁徙回北极繁殖地和 10 月南飞过冬时，斯阔奎克湖都是它们主要的停靠休息点。3 月上旬时雪雁群的数量达到峰值，超过 100 万只。每天清晨，鸟群齐飞离开栖息地时的景象绝对是世上最为壮观的自然历史奇观之一。雪雁风暴是对此般奇观恰如其分的描述。要想从这样巨大的鸟群中捉出其中一只，那捕食者必须体格强壮、技术娴熟，还得意志坚定。

这样的捕食者是不存在的。然而，在远处捕食者却可以观望等待另一种契机。

3月和10月对于主要以鱼类为食的秃鹰来说是比较艰苦的时期，每年的这时，都会有多达300只秃鹰（有时数量更多）齐聚在斯阔奎克。但它们遇到了一个难题。一只健康的雪雁体重约3.5千克，这对于秃鹰来说太大、太强壮了，难以袭击，它们还是更擅长用强有力的喙和爪子抓鱼。

但秃鹰有一种既简单又有效的捕食雪雁的方法。雪雁数目越多，这个方法成功的概率就越大，而且天气越冷越好。北极的夏季很短，这导致了雪雁的迁徙时间非常精确。如果它们过早到达，北极的地面仍被雪覆盖，不宜产蛋；而迟了的话，它们又没有足够的时间养大幼鸟。斯阔奎克位于它们4 000千米漫漫迁徙路的中点，那里的气温是判断春天是否到来的绝佳参照。2月下旬雪雁抵达斯阔奎克时，湖面有可能已经解冻，也有可能还没有，不过前后两天的情况可能大不相同。寒冷天气对于饥饿的秃鹰来

▲ **飞掠恐吓战术。** 秃鹰从巨大的雪雁群上飞掠而过，寻找弱小或受伤的雪雁。还有一些雪雁可能会因为惊慌失措撞在一起，折断了翅膀或腿，那就是天上掉馅饼了。

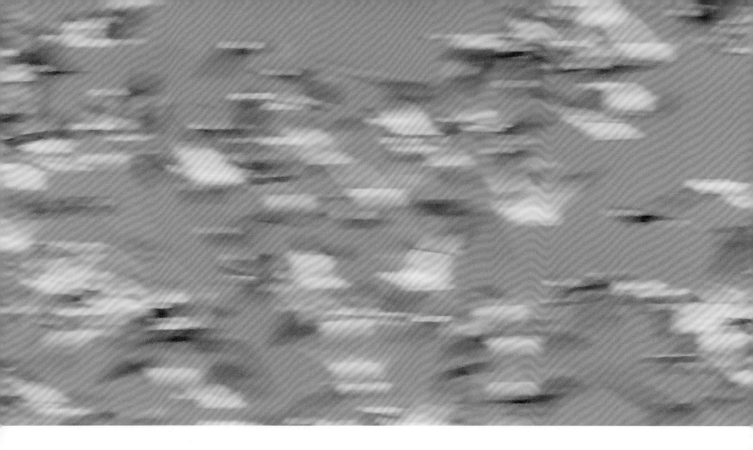

说正是好机会。

秃鹰的方法是从在湖面歇息的雪雁群头顶上飞掠而过，把它们惊吓到空中。秃鹰的目标是那些弱小或受伤的雪雁。还有一种可能的情况是，雪雁惊慌失措地起飞时撞在了一起。这样的碰撞会导致它们的翅膀或腿骨折，让它们更容易被秃鹰抓走。湖面解冻之后，这个策略就没那么奏效了，因为雁群能散开，受伤的雪雁可以潜到水下，避开俯冲而来的秃鹰。

在冰面上受伤的雪雁通常会摆出有力的防御架势，但它们仍无法逃脱，因为一只或多只秃鹰连番不停的攻击会将它们的防御能力消磨殆尽。一旦死去，它们的尸体会引来多达十几只秃鹰。为了分得一杯羹，鹰群冲突将连轴上演。秃鹰是熟练的拾荒者，空"爪"而归不是它们的作风。

来自捕食者的守护

5月，在阿拉斯加和加拿大的苔原上，白额雁夫妇们必须做出一个重

▲ **一时无虞。** 在阿拉斯加苔原上，一只刚孵出来的雪鸮全然没有注意到附近有只白额雁正在回巢的路上。雪鸮护巢勇猛，狐狸与海鸥都无法靠近，白额雁夫妇因此借得了一片清静地。但雏雁破壳而出之日，就是地主收租之时。

◀ **幼鸮哺食时间。** 雌性雪鸮带着一只旅鼠飞回巢里，那是给小雪鸮的食物。一旦雏雁孵出，它们也会是一道佳肴。

要的决定：在哪里筑巢。在开阔的苔原上，既没有高木也没有树丛，实在无处藏身，因此它们没有别的选择，只能在地上筑巢。但筑巢地点的选择仍然是它们能否成功繁殖后代的关键。

凸起的土丘或斜坡能减少巢窝被水淹掉的概率，而且便于在相对平坦的苔原上观察周围的环境，发现像食肉猛禽、北极狐和海鸥等捕食者。雄性白额雁会积极地保护自己的巢，而夫妻合力通常就能把捕食者挡在海湾里了。此外还有另一种防御措施，能暂时保障蛋与雏雁的安全。

研究表明，有些白额雁夫妇会选择把巢筑在雪鸮的巢旁边，距离不过10米。刚孵出的雏雁是小雪鸮的最佳美食，那么白额雁为什么还要冒险把巢筑得那么近呢？权衡之下，优大于劣。雪鸮夫妇，特别是雄性雪鸮，会勇猛地捍卫自己的蛋不受狐狸和海鸥的侵袭。只要它们靠近鸮巢 500 米以内，雪鸮会反复俯冲袭击它们。所有附近正在孵蛋的白额雁都会得益于雪鸮的捍卫行为。这也算是一种保护，不过到雪鸮清算保护费时，可就不会跟白额雁商量着来了。

雪鸮蛋在 6 月中旬左右开始孵化，一般比白额雁早一到两周。要是天气不错的话，一只雪鸮就要养活多达 11 只幼鸮，这就意味着它必须不停地猎食。旅鼠是最好的食物，它们能为幼鸮提供大多数的营养。如果旅鼠数量众多，雪鸮夫妇会用它们堆满自己的巢。在长大到能独立活动以前，每只幼鸮得吃掉 150 多只旅鼠。而白额雁也是美食之一。

与雪鸮的孵化过程（分两次，外壳破裂比最终孵出会早两天以上）不同，雪雁会在 24 小时内完全破壳而出。现在，雪鸮开始注意到它们聒噪的邻居们了。以前雏雁还未孵出，有雪雁夫妇保护着，基本上都是安全的，因为成年雪鸮不太注意不怎么动的东西。但雏雁破壳而出后，雪雁夫妇就不得不为了它们的吃食饮水而忙前忙后了。

和刚出生没有视力、非常弱势的雪鸮不同，雪雁孵出后就能走、能游、能吃，但它们仍然完全依靠父母的保护。在寻水路上，雪雁夫妇会尽量把雏雁们护在一起，但还是会有一些掉了队。即便只有短短一小会儿，落单的雏雁也很容易变成雪鸮的美餐。

雪鸮能捕食雏雁的时期很短。每窝雏雁都会在几周内孵化，然后雪雁夫妇们就会联合起来加强保护，雌性雪雁负责陪伴雏雁出入，而雄性雪雁则负责保卫。多几双保持警惕的眼睛，就少一些在开阔环境中被雪鸮突袭的机会。

大步奔跑的狼与敏捷灵动的大东非鼹鼠

埃塞俄比亚狼捕食时面临的挑战与众不同。它们最喜欢的食物是大东

▶ **满窝的旅鼠。** 幼鸮正在休息，旁边围了一堆死了的旅鼠。尽管旅鼠储备充足，雪鸮父母仍然对邻居家那些刚孵化的、出门寻水的雏雁们虎视眈眈。

非鼹鼠，这种动物每天出现在地面上的时间不多，所以狼必须时刻保持警觉。"非洲屋脊"上的埃塞俄比亚巴莱山脉和瑟门山脉上，有一片由平原与开阔山谷组成的区域，这里就是埃塞俄比亚狼的家。虽然这里一部分是一望无垠的平地，却还有一小部分隐蔽之地，至少对一只长腿狼来说，算是隐蔽。

埃塞俄比亚狼是群居动物，但这主要是因为它们要养育幼狼。由于它们捕猎的动物不大，不足以相互分享，所以每只狼都得独自觅食。大东非鼹鼠不大，体长大约 30 厘米。虽然大东非鼹鼠属于啮齿目，长得也很像一只奇怪的老鼠，但它们既不是鼹鼠也不是老鼠。只是它们的习性与鼹鼠相似，大部分时间都生活在地下，很多时候都在挖地洞。它们从一个新的地洞里冒出地面，只是因为要把植物拖进地道，供方便时食用。它们从来不会一次性在地面上待超过 20 分钟，一天也不会超过 1 小时。即使身体露出地面，大东非鼹鼠的腿也很少离开自己的洞穴，以便迅速后撤。所以，要想抓住一只这样的小东西是不容易的。

埃塞俄比亚狼视力很好，很远就能发现大东非鼹鼠。但因为没有藏身

◀ **大步奔跑的狼。** 耐心地等到了一只大东非鼹鼠从洞中冒头，埃塞俄比亚狼猛扑了上去。要是大东非鼹鼠及时缩回洞里，狼就会往洞里吹气，根据回声判断，然后开始疯狂地挖进地道，堵住大东非鼹鼠的退路。

▶ **敏捷灵动的大东非鼹鼠。** 一只大东非鼹鼠冒出头来观察周围是否安全，看是不是能把附近的一些植物拖进地道里。大东非鼹鼠基本生活在地下，眼睛和耳朵都很小，但是都比狼的感官要敏锐。它们尽量减少到地面上来的时间，基本上依靠洞口周围很小一圈的植物根茎和其他东西为生。

之处，想靠近就很难了。不同的狼使用的策略也会有所不同。有一些狼直接冲上去拼一把运气，这不用说也知道，成功率比较低。大东非鼹鼠对震动很敏感，绝对能听见爪子飞奔如雷的声响。另一些狼则试着把步子放慢，掩饰自己的踪迹，直到距离够近时大跃一步。这个策略要比之前那个成功率高一点，适用于年纪稍大、经验比较丰富的狼。要是经验不足，就免不了摔个鼻青脸肿了。但大多数时候，大东非鼹鼠都能撤回自己的洞穴之中，所以问题就在于怎么把它们弄出来。

对于大东非鼹鼠缩回洞里，狼的第一反应都是去吹洞口。原因是这会把大东非鼹鼠吓得乱跑，狼就能从地底的回声判断出它在哪里，从而下爪开挖。经验不足的狼有时十分滑稽，它们很可能会在追踪大东非鼹鼠时挖

▲ **鼹鼠大追踪。**一只埃塞俄比亚狼摆着典型的追踪姿势，蹑手蹑脚地慢慢靠近一只正忙着在洞边采摘植物的大东非鼹鼠，而鼹鼠还毫不知情呢。如果大东非鼹鼠发现了并撤回洞里，狼最好的策略就是站在洞口，同时关注着地底的动静，等着它再次出现。

出一个巨大的洞来。它们不知道什么时候该停下来，即使最终成功，它们也可能已经耗费了太多精力，吃掉这只猎物可能也补充不回来了。

　　而成功率最高、同时也是最有经验的埃塞俄比亚狼都会采用的策略是耐心。狼会站在洞口等着大东非鼹鼠再次出洞。在那之前，狼只会偶尔侧一侧头，转转耳朵，密切关注着地底下的一举一动。一旦大东非鼹鼠出现（也不总是这样），狼就会扑上去用嘴咬住它。

以多对多

　　一头成年的雄性水牛肩高可达 1.7 米，体重达 900 千克，一对牛角能长达 80 厘米。雌性水牛要小一些，但差别不大。个头不够，数量来凑。

一个牛群能有数百头牛之多，这可是一股不可小觑的力量，因此对于这种平原食草动物来说，无处藏身也不用担心了。一旦遇到威胁，它们也能变得十分勇猛。事实上，水牛每年都会杀死不少人。它们唯一需要担心的捕食者只有狮子。

一只狮子偶尔也是能杀死一头水牛的。但如果猎物是这么大一群而又这么危险的话，那它就需要团队合作和经验指导了。狮子猎杀水牛是出于习惯。通常雌狮会为了荣耀，包揽所有的猎食活动。但面对这样强大的一群猎物，雄狮通常也会加入。狮子面临的困难是如何从水牛群中拖出其中

▼ **前途未卜**。狮子想趁水牛群来喝水时抓住一头刚出生的小牛犊。但它们发现自己面对的却是小牛犊的妈妈和一头斗志昂扬的公牛。雌狮努力捍卫自己时，年轻狮子们只在一边骄傲地围观，然后逃跑。

▶（第118~119页）战斗中的水牛。
一只撤退得不够快的雌狮被公牛攻击了，差点就无法逃生。水牛通常会援助其他同伴，牛群越壮大，防御力越强。只有落单的水牛才会被猎杀。

一头来。因此理想的做法是借助掩护靠近并惊吓牛群。水牛的速度可以达到60千米每小时，而狮子的速度和耐力都不如水牛，所以把握追逐的距离就很重要了。但这些都建立在水牛决定要逃跑的前提下。在水牛数量众多时，它们可能直面狮子开始抵抗。

如果狮子成功拖出一头水牛并成功把它放倒，它们要面对的就是十几头或更多愤怒的水牛同伴。与羚羊或斑马之类其他有蹄类动物不同，水牛通常会对遇险的同伴施予援手，因此它们能轻易扭转战局。水牛无疑是能杀死狮子的。

牛群越是壮大，越是不惧狮子的侵袭。事实上，与一个强大的群体待在一起是比逃跑更好的防御战略。因此对于狮子来说，最好的方法就是找一小拨单独出行的公牛，然后瞄准其中一头年轻的公牛。如果公牛在有遮蔽的地方附近吃草，比如说河边，那里的草比较茂盛，一次奇袭可能就更容易得手。

狮子的另一个伏击点是水坑，那是水牛每天必去的地方。狮子会隐蔽起来，一直等到牛群走过，再努力拿下一头没有跟上队伍或者是年老体弱的水牛。但水牛会在危险中学习。如果它们能选择，它们就会避开那些在过去几个月里遭遇过狮子袭击的水坑。它们还会挑狮子不常出来活动的时间去水坑。

在赞比亚卢安瓜国家公园的旱季，气温通常高达45摄氏度。对于像狮子这样的大型食肉动物来说，这种温度对体能的消耗太大，因此早上8点时，它们大多数都还在阴凉处睡觉。这显然是年轻水牛单独去水坑的好时间。但惊喜总是可以凭借天性和行动来制造的——《猎捕》摄制组拍摄的一张照片展示了这一点。

一天早晨，一群狮子发现有一头年轻的公牛正在穿越一片开阔的平原走向一处泉水。它从一小群在树荫下歇息的狮子身边经过。它一定是没有发现这些狮子，不然就不会出现了。但狮子们发现了它。虽然气温已经高达40多摄氏度，但狮子认为这个机会太好了，不应该错过。

一只雌狮和两只年轻的雄狮起身走向那头水牛。它们从后面悄悄接近，

◀（上图）炎热进行时。一天正热的时候，一头雄性水牛从3只正在树荫下歇息的年轻狮子身边经过。它没有发现狮子，但狮子发现了它。

◀（下图）猎杀。3只狮子联手放倒了水牛。一只从后进攻，一只死死咬住水牛的鼻子想闷死它。结果看来没有悬念了。

▼ 反转。狮子不耐炎热，精力耗尽，离开水牛返回了阴凉处。突然，负伤带血的水牛站了起来，回到了牛群中。

其中一只跃起扑向水牛的后腿和臀部。受惊的水牛转过身来应对袭击者们，然后拔腿就逃。但3只狮子切断了它的去路，一只从正面吸引它的注意力，另外两只从后夹击。水牛扭来扭去，转着头想用角把狮子们钩住，但狮子们的动作太快了。在被烈日暴晒15分钟之后，3只狮子终于把水牛放倒了。其中一只狮子想咬住水牛的鼻子，让它窒息而死；而另外两只则试图咬穿水牛坚硬的皮肤。根据我们经验丰富的摄像师判断，这头水牛没救了。

然后意想不到的事情发生了。3只狮子难耐高温炙烤，精力耗尽，竟放弃了猎物，返回了阴凉处。也许它们也以为水牛已经死了。但几分钟后，负伤带血的水牛在一众狮子的注视下站了起来，继续赶路。而两天之后，这头水牛还活着。捕食者与猎物之间的斗争真是完全不可预测。

烈日、沙漠与食腐动物

无处藏身的问题在沙漠里尤为突出。纳米布沙漠是世界上最古老、面积最大的沙漠,那里的气温可以高达 60 摄氏度。要在这里生存就得想出一种躲避炎热的方法来。对于大多数动物来说,那就是在晚上活动,白天藏匿在沙子底下。然而热蚁却反其道而行之,充分利用了炎热带来的好处。

热蚁是世界上最耐热的蚂蚁,能适应的温度比其他种类的蚂蚁高 10 摄氏度。令人惊讶的是,它们的活动在中午达到高峰,那时的地表温度能超过 70 摄氏度。这么做的理由很简单:它们的猎物是被热死或在炎热中濒死的昆虫。为了让这种生活方式成为可能,它们进化出了大长腿。长腿使它们的身体远离灼热的沙子,比地面高 4 毫米,在那里气温就能低 10 摄氏度。而且这种蚂蚁较高,跑得非常快,这也能减少它们每条腿接触地面的时间。

虽然耐热,但热蚁也不能肆无忌惮:一次猎食只能持续 30 分钟,离开它们巢穴的安全距离不超过 50 米。要是对炎热判断失误,它们也很容易落得和自己所捕食的被热死的猎物一样的下场。如果地表温度高到危险的程度,它们就会被迫回到地下的巢穴里,或是爬到草上稍微凉快一下。

因为热蚁能在白天猎食,所以几乎没有动物会与它们争食。不过至少

▲ **沙漠亡魂赐予热蚁生命。**纳米布沙漠的热蚁在一天最热的时候在外觅食,它们的目标是另一种不耐高温、数量更多的蚁类。热蚁的腿格外长,这样能让身体远离灼热的沙地,而且站着的时候至少会有一条腿不着地,以便能凉快些。

▶ **(上图)陷阱。**隆头蛛的洞穴上方横着黏丝,还垫着沙子,那是为粗心的昆虫们准备的陷阱。

▶ **(中图)袭击。**一只蚂蚁被咬得无法动弹,被拖着腿拽进了蜘蛛洞里。

▶ **(下图)守株待兔。**一只 10 毫米大的蜘蛛在沙子垫的正下方坐等猎物送上门来。在炎热的天气里,洞穴能让它保持凉快;一旦有猎物(通常都是蚂蚁或甲虫)的动静,与沙子垫相连的蛛丝就会提醒蜘蛛。

还有一种捕食者同样活跃在炎热的白天，那就是隆头蛛。

这种蜘蛛应对酷热高温的方法是用沙粒和蛛丝编成一个遮蔽网，网下有一个浅坑，坑里还有一个用于撤退的 10 厘米长的垂直穴道，里面布满蛛丝。隆头蛛在网边布下黏丝，与底下的信号丝相连，这样一旦有蚂蚁触及陷阱，它们就能感觉到震动。那时它们就会跳出来，拖着蚂蚁的腿，咬住蚂蚁并将其拽进穴道里。要是外面的天气实在太热，隆头蛛就会任由蚂蚁困在网中被太阳晒死，然后再把它们拖到地下。

团队的杰作

纳米比亚埃托沙国家公园的中央是一块 120 千米长的盐场，又平又大，在太空中都能看到。它看起来就跟外星球表面似的。到了 10 月，这个地方的气温能达到 48 摄氏度。但这里的物种数量多得令人称奇，有跳羚、大羚羊、角马、斑马和长颈鹿等；它们之所以能在这里生存下来，是因为公园里有无数的水坑，动物们常常在那里聚集。你可能觉得狮子很容易就能在这些地方猎到食物。其实并不是这样的。水源附近几乎没有遮蔽之处，狮子想在不被发现的情况下偷袭猎物简直不可能，白天更是如此。

为了在这种开阔的环境下生存，狮子们不得不团结起来，组成数量巨大的狮群，有些狮群甚至是非洲最大的。狮群主要的功能不在于猎食，而在于养育与保护幼狮不被其他狮子伤害。确实，一或两只雌狮捕猎的结果与 6 只雌狮一起捕猎的结果几乎是一样的，除非它们是在埃托沙。

20 世纪 90 年代一个关于埃托沙狮群的长期研究显示，狮子的合作程度很高，在捕猎跳羚时尤其高。抓住一只跳羚至少需要 6 只雌狮各司其职，联手合作。体重较轻的雌狮从左右两侧接近跳羚，这些"侧翼"的职责就是把猎物赶到"中路"，那里一般是体重较大的雌狮。如果这些狮子每次都在同样的位置上起作用，捕猎的成功率会更高。因此，学会如何在一个特定的位置上发挥作用，对于整个团队来说都是有益的，同时也让狮群在这个艰苦开阔的栖息地里得以生存。

▼ **排着队的捕食者。** 随着狂风呼啸而过，狮群中的 3 只雌狮站到了捕食的预备位置上。埃托沙盐场上无处藏身，狮群利用环境的噪声和狂风的呼啸，为它们袭击来水坑饮水的猎物做掩饰。每只雌狮在一次捕猎中都有特定的作用。

狮群还会利用瞬时环境。12月旱季终于结束，风暴成了捕猎的绝佳掩护。风从矮处的植物上呼啸而过，遮住了狮子追踪的脚步与气味。原本在风暴乌云下就已经看不清的环境，强风刮起的尘土更降低了其能见度。由于猎物的感官变得迟钝，狮子会更容易接近猎物发动攻击，而且有了这些环境因素的帮助，它们一次成功捕猎所需的雌狮数量也能大为减少。这又是一个解决无处藏身这一难题的策略。

第 4 章

海岸——只争朝夕

海洋与陆地之间变化莫测的边缘——海岸，是自然界最为严苛的栖息地之一。这里的动物都面临着巨大的生存压力。海风拂过海岸，巨浪不断拍打岩石，用咸涩的海水淹没这里的"居民"。每天潮涨潮落，海岸每6小时变换一次状态：或是沙地或是泥泞。对于捕食者和它们的猎物而言，海岸是一个物产丰富的地方。但海岸是不断变幻的，这就意味着好机会不是时时都有。因此对于捕食者和猎物来说，最重要的就是要在合适的时机出现。

▶ **海边赢家。**智利的岩石海岸上，有一只大小与家猫差不多的秘鲁水獭，它有幸未被冲击的海浪吞噬，还把一只章鱼带到了岸边。

◀ （第126~127页）**冲向鲑鱼。**一群鲑鱼聚集在阿拉斯加海岸浅滩上。为了能抓到鲑鱼，棕熊冲入了海浪中。

把握潮汐

如果你真的想感受一下潮汐的真正威力，那就冒险去世界上最大的海岸中间走一遭吧。虽然这广袤的荒野看似平淡无奇，无甚特色，但这里却是感受广阔的天空和多彩纯粹的自然最好的地方。英格兰东海岸的沃什湾就是这样一个地方。要想走进这片海岸的中央，得挑个好时机。高潮时间一过，你就得紧跟上退潮的水。只需一小时左右，你就能进入一个既没有房屋又没有树木的世界，一个只有广阔天空和千千飞鸟的世界。这些飞鸟大多是来此歇息和觅食的各种涉禽与粉脚雁。

落潮打开了丰富海产宝藏的大门。粘在你靴子上的泥巴里，全是涉禽们喜爱的无脊椎动物。全世界的涉禽们都有自己的捕猎方法。北美的长嘴杓鹬的喙是所有涉禽里最长的，能伸进泥地里20厘米，是捕捉虾蟹的最佳工具。塍鹬是一种较小的涉禽，它们的喙部长且微微上扬，对震动非常敏感，能感觉到泥土里隐藏着的猎物。小小的珩鸟则善于搜寻泥土表面的猎物。它们也像许多其他的海鸟一样，会抖动双脚，把虫子带到泥土表面来。

闲观涉禽取食，静听飞鸟鸣叫，令人昏昏欲睡，但你得在合适的时间内安全返回海墙之内。返回的海潮速度惊人，如果你不能抢先出发，可真

◀ **泥土里的宝藏**。英格兰东海岸落潮后，露出了沃什湾的大片滩涂，那是英格兰最大的海湾。滩涂里数以百万计的微小生物让沃什湾成了全球涉禽和野禽们重要的食物来源地。

有身陷滩涂被淹死的危险。对于在沃什湾滩涂上栖息、吃大叶藻的粉脚雁来说，它们还能在周围的农田里待着吃点别的。大潮卷来时，粉脚雁群排成 V 字形从海上飞过，啼鸣不止。然而许多涉禽的食物只有滩涂里有，但这个食物宝藏却即将要关闭至少 6 小时了。

　　成群的涉禽追逐着返回的浪潮，拼命地想抓住最后一丝捕食的机会，饿鸟奔食如翻浪般前仆后继。随着暴露的滩涂面积越来越小，之前分布在整个沃什湾海岸上的涉禽聚成了越来越密集的鸟群。待你安全回到海墙之

▲ **沃什湾的涉禽。** 涨潮时，一大群细嘴滨鹬集中栖息在英格兰沃什湾。潮水退去后，成千上万的细嘴滨鹬会再次转移到滩涂上觅食，主要找的是个头较小而壳薄的软体动物，如波罗的海樱蛤、鸟蛤等。它们会把这些软体动物整个吞掉。

内时，成千上万的涉禽成群地在空中盘旋，远远看去，就像扭结成团的烟雾，形成了英国乡村最为壮观的自然景观之一。

带翅膀的捕食者

　　秋天到了，英国海岸上的涉禽数量达到高峰。沃什湾这里大多数是细嘴滨鹬，数量高达 10 万只，它们的繁殖地位于加拿大和格陵兰岛极地；由于难耐极地的严冬，它们出逃至此。游隼也是来此享受的一员。它们夏天在高地繁殖，冬天就会回到海边捕食，它们夺得猎物凭借的是惊人的飞行速度而非出其不意。细嘴滨鹬靠形成密集的鸟群，在空中盘旋变幻队形抵御侵袭。研究表明，鸟群越大，游隼的成功率越低。因此对于单只细嘴滨鹬而言，还是扎到同伴堆里更加安全。

然而，同样冬天来此休整的雀鹰捕猎时凭借的就是出其不意，而非速度了。它们圆圆的翅膀特别适合在树间灵活飞行。因此它们来到海边后，更喜欢待在入海口附近的林地里。雀鹰最喜欢的食物是赤足鹬，那是一种大小和画眉差不多的涉禽，红脚，鸣如哨响，甚为独特。有时，赤足鹬似乎能感觉到有埋伏，但涨潮把它们赶离滩涂时，它们也没有别的办法，只能在盐沼里栖身。一旦雀鹰发现有赤足鹬进入了攻击距离，就会冲出去展开奇袭。

与细嘴滨鹬一样，赤足鹬也知道扎堆比较安全。结成鸟群让游隼无从下手，而且多一双眼睛就多一些警惕，雀鹰的奇袭也更难奏效。赤足鹬也知道如何区别应对这两种捕食者。以速度和持久战见长的游隼来袭时，它们就待在地上不动弹；但雀鹰一出现，它们便马上飞走。显然，它们知道灵活的雀鹰更擅长处理地上的目标。

沙滩

每天的潮汐循环主宰着滩涂和入海口处的捕食者与猎物的生存，同样它也对沙滩上的生物有强大的影响。西澳大利亚的海滩有着世界上最大的潮差，涨潮与落潮之间的差距超过10米。一望无际的沙滩看似荒芜，但往沙层下探索，你就会发现其中蕴藏着丰富的物种。

潮水退去后，在沙滩表面的软沙上出现了数百个细孔，每个细孔里都有双灵动的小眼睛。它们是沙泡蟹，每只不过豌豆大小，等着现身在裸露

▶ **游隼的冲击。** 游隼一个高速俯冲，将一只细嘴滨鹬击落并在坠落过程中抓住了它。游隼故意贴近鸟群飞掠而过，惊吓细嘴滨鹬，让它们从地面飞向空中。虽然成群的细嘴滨鹬不易得手，但游隼很有经验，总能从鸟群中挑出一只来瞄准攻击。

◀ **开拔**。潮水回落，数百只寄居蟹出现了。它们抵御鸟类攻击有三大法宝：绝对数量、快速前移的能力（大多数蟹类只能横行）和快速钻入沙滩里。

▶ **吞沙**。寄居蟹以极快的速度把沙和水一起吞入，吃掉里面的微小生物和漂在水里的有机碎屑。它们会一连吞好几小时的沙子，直到再次涨潮。

的沙滩上挑拣有机物质。但还有许多捕食者正等着它们，有涉禽、海鸥，甚至还有翠鸟。因此它们只会等到沙滩全部露出的时候才突然以庞大数量一起出现，借此迷惑捕食者。即使如此，它们还是很谨慎，总是一起出来觅食，而且从来不会远离自己的洞穴。

随着潮水的退尽，寄居蟹集结成以数百只为编制的"大部队"，一起在海滩上横行觅食。它们在沙子上留下了新的细小的痕迹，一大群捕食者汹涌而来。苍鹭和白鹭也加入了涉禽与翠鸟的行列。但寄居蟹比其他蟹类更为灵活，它们不仅能前进还能横行。而且危险来临时，"大部队"会分解成"小分队"，向不同方向散开迷惑捕食者。要是危险来得太直接，蟹群会使出"快速消失法"——钻回沙子里。

耕沙的艺术

在西澳大利亚，当潮水退去，小小的沙泡蟹在沙滩上的家露出来时，它们就从洞穴里出来劳作了。它们只能趁着沙子还潮湿的时候挖沙，并赶在沙子干之前以迅雷不及掩耳的速度吞掉沙子。沙泡蟹在沙滩表面有条不紊地劳作，它们用嘴过滤沙粒，留下有机碎屑和微小生物，然后把沙粒以小圆球（泡泡）的形式吐出去。延时摄影技术展示了一只沙泡蟹在几分钟之内就能耕完很大一片沙地。随着它耕作沙滩觅食，身后会留下一排吃完的沙泡，一分钟就能有不少。不一会儿，这些成排的沙泡就能形成沿着洞口向外发散的形状，像车轮辐条一样。很快沙滩的表层就布满了好几百个这样的车轮，位置特别巧妙，但是没有沙泡蟹会侵入邻居家的领地。这种耕沙艺术的作用可不只是划分领地；在捕食的鸟类出现时，这些巧妙排列的沙泡线条能指引沙泡蟹安全迅速地回到洞穴里。

▲ **沙泡的产生。**随着沙泡蟹快速吞入沙子（口腔的特殊结构会把微小生物和有机物质滤出），沙子会被团成一个湿润的小球，从它的腿间推回地上。

▶ **1~4 耕沙 12 分钟的成效。**一只沙泡蟹的速度很快，一分钟之内可以排出十几个沙泡。它会围着自己的洞穴沿着圆形或半圆形的轨迹移动，保证自己随时能逃回洞穴内，最后那排沙泡标出的就是逃生路线。

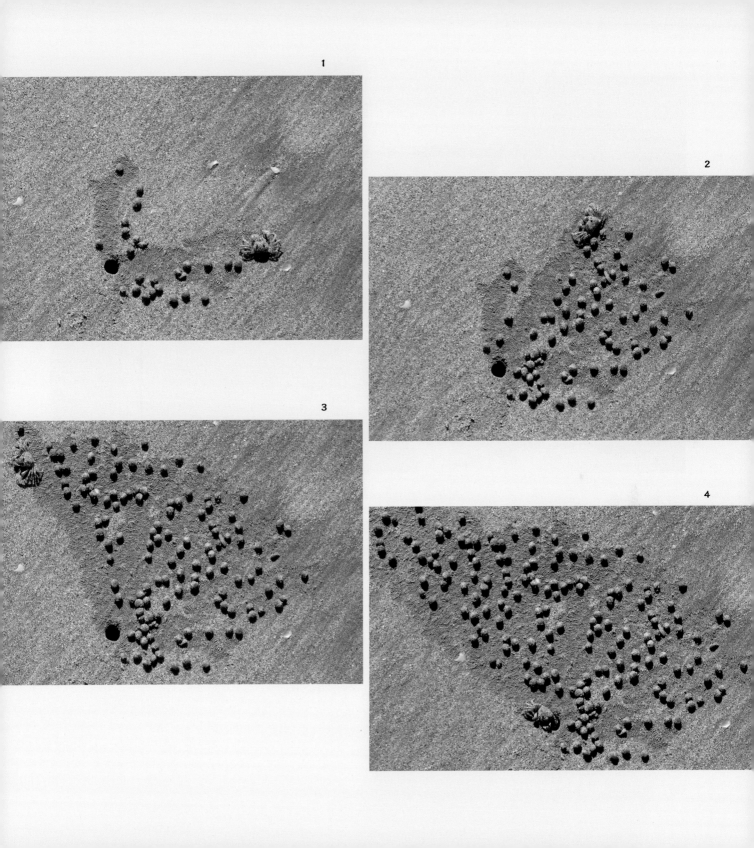

岩表猎食

澳大利亚的潮汐海滩上不光住着一些非常善于逃生的艺术家，还住着同样灵巧的捕食动物。这其中最为特别的是新近才发现的阿布多普斯章鱼，它们在澳大利亚北部、印度尼西亚和菲律宾均有分布，大小从高尔夫球到网球那么大不等。这种捕食动物住在潮汐礁滩上，在退潮后留下的浅池里捕食。它们与大多数章鱼一样，能改变自己的颜色与形状，即伪装；这种能力既能帮它们捕得食物，又能助其逃离敌人的侵袭。但是在一片岩滩没有合适的猎物之后，阿布多普斯章鱼就会做出一些惊人之举。它们会出现在热带的烈日之下，爬出浅滩"走"过即将被晒干的礁石表面，直到找到一片有新鲜猎物的合适的新岩滩。

岩滩上，无论是捕食者还是猎物，都必须既遵循潮汐规律，又要能抵

▲ **是时候挪窝了。**阿布多普斯章鱼吃光了一片岩滩里的所有食物，就会去找一片新的岩滩，那里有因为退潮而被困住的新鲜食物。它们"路过"时，会配合岩石的样子改变皮肤的颜色和花纹。

▲ **小水獭，大胃王。**秘鲁水獭正在享用一只螃蟹，那是它从智利崖底的岩石海床上抓来的。因为水獭没有脂肪可以抵御冰冷的太平洋海水，所以它们在水里的动作必须快速高效。

抗得住海浪击石的破坏力。在南美洲的太平洋海岸线上有几个岩滩的海浪最为汹涌。那里正是秘鲁水獭的家。秘鲁水獭是世界上最小的海洋哺乳动物，比欧洲水獭的体形小多了。小巧苗条的身形使它们在潜水时能迅速地散热。因此它们在保证自己在冰冷的水中有足够的时间捕猎的同时，也得注意时间不能过长，以免体温太低。

水獭最喜欢的食物，尤其是螃蟹，大都分布在海底岩石上。虽然水獭能屏住呼吸一分钟以上，但它们的捕猎策略却是以短快节奏潜入水底，而且它们20分钟左右就能游2千米。水獭喜欢礁石较多的海湾，这里便于躲过海浪拍岸的破坏性力量。直到最近，人们才弄明白水獭是如何在海浪底下捕猎的。《猎捕》摄制组发现，水獭之所以那么小，主要是因为它们需要很高的灵活性，以便挤进海底的巨石缝间。

斧与砧。年轻的长尾猕猴正专注于用"斧"砸开鸟蛤，它还选了一张石砧用以保持平衡。这种动物是泰国南部海岸沿线上常见的"拾荒者"。它们主要以海鲜为食，在落潮有食物时才会劳作。

▶ 匠工精进。潮落时，成年猕猴以特别挑选过的石头作为斧槌，熟练地从岩石上敲下牡蛎。

工具是必要的

长期居住在被海浪拍打的岩滩上的动物需要一些保护措施。藤壶、帽贝和牡蛎都有堡垒般能附着到岩石上的外壳。螃蟹和龙虾则身穿盔甲。因此，要以这些动物为食，捕食者们需要特殊的方法，例如像蛎鹬一样有凿子一般的喙，不然就得非常强壮或非常聪明。

乌鸦和海鸥属于聪明的那一拨，它们会飞得很高，然后把贝类扔到岩石上摔开。但岩滩捕食动物中，最为聪明的要数生活在泰国海边会使用工具的长尾猕猴。它们会用不同的工具来处理不同的贝类。要把牡蛎从岩石上敲下来，它们会用石斧。被记载在册的石斧中，最大的质量达 1.7 千克，这对于一个平均体重只有 5 千克的动物来说是一件非常沉的工具。它们会根据软体动物的大小和所处的位置来选用不同大小的石斧。

有时它们也会以巴掌大小的笋螺壳为镐，把牡蛎从岩石上撬下来。而

对于许多像鸟蛤和海螺等的其他贝类，它们会用到石锤和石砧。事实上，这些聪明的灵长目动物沿着海边寻找贝类时与人类觅食非常相像，而且它们是除了人类以外唯一会使用工具来杀死和处理猎物并以之为食的动物。

有时吃草，有时吃鱼

对于海边生物来说，决定它们生活的不仅仅是每天潮汐的节奏。太阳光的热效应使海洋本身出现了季节变换，带来了浮游生物的繁衍生息，从而也使整个海洋生态系统运转不息。许多最好的捕食机会都与季节性

▲ **只能吃草。**一只母熊和它的孩子在阿拉斯加沿海草场上吃着鲜嫩多汁的青草；春天和夏天，一直到鲑鱼开始游到入海口之前，青草都是它们的主食。它们甚至还得离公熊们远一点儿，以免幼崽被公熊杀害。

海洋的周期有关。为了能分得这份红利，捕食者们必须在合适的时间到达海边。

世界上最为壮观的海滨盛会之一是每年夏天出现在阿拉斯加卡特迈国家公园海岸的海洋生物聚集。那片海岸面积约同威尔士一般大（超过 1.6 万平方千米），人烟罕至。卡特迈的棕熊是世界上最多的，超过 2 000 只。这里是一个完美的棕熊国度。冬天，冰雪覆盖的火山是它们的住处；夏天，荒野上纵横交错的湖里和河里全是鱼；秋天，低处的林地里又有大量的浆果。但真正的诱惑，让阿拉斯加棕熊数量成为全北美之冠的原因，却在海边。

每年夏天都有 100 多万条红鲑从繁殖地洄游到卡特迈的河流里。它们已经在海里度过了 2~3 年的时间。现在它们要游超过 48 千米，经过瀑布，越过激流，回到上游源头的砾石床产卵。但在出发之前，它们得先调整自己的新陈代谢系统——从适应海水到适应淡水环境。因此每年有 100 多万条红鲑会在卡特迈海岸的浅水层里待 6 周左右，直到它们的身体适应了，便可以开始长途跋涉回到上游。而这就是棕熊一直在等待的机会。

所有的卡特迈棕熊都会龟缩在高高的雪山洞穴里过冬。6 个月没东西可吃，它们都饿坏了。4 月底，母熊和刚出生的幼崽是最后一批从洞穴里出来的，它们已经饥饿难耐。但积雪被新一年的暖阳融化，摆在它们面前的是很长一段下山的路。等它们到达海边时，红鲑还在深海里。因此棕熊没有别的选择，只能在沿海的草地里吃草，实在是难以令人满意。这是一段很紧张的时期。草丛里挤满了饥饿的棕熊，在接下来的几个月里，母熊不得不对公熊们保持警惕，幼熊可是公熊在这段时期最好的荤补。

到了 7 月中旬，棕熊们也快熬出头了，它们开始向着海边进发。虽然鲑鱼还没到浅滩区，但棕熊们似乎已经感觉到了美食的靠近。沿着潮线，满怀期待的棕熊直起身，遥望大海远处，似乎在盼望着鲑鱼的出现。它们不是唯一的捕食者。波浪起伏的海湾里有探着脑袋的、在海浪中忽隐忽现的海豹和从山中飞来的渡鸦。甚至有时还有羞涩的狼潜伏在海滩沿线，注意着棕熊。忽然之间，随着鲑鱼跃出浪涛闪出的第一道银光，盛宴开席。在接下来的 6 周时间里，卡特迈湾将不断上演捕食大戏。

这个国家公园非常偏僻，几乎无路可至，也没有打猎活动，因此这里的动物都不太怕人。你可以坐在海边，离巨熊或温顺的狼只有几米之遥，观赏着它们非凡的狩猎技巧与策略。首先入席的是巨大的公熊，它们能蹿进鲑鱼进入浅滩的巨浪里。但一开始，哪怕是最有经验的熊也似乎会忘记

海滩巡视。棕熊和狼在阿拉斯加的卡特迈湾入海口巡逻，等着洄游的红鲑靠近到能捕食的距离。狼紧跟着捕鱼的棕熊，等着分一杯羹。

它们的捕鱼技巧。它们一次又一次地冲进巨浪里，激起巨大的水花，但只见鲑鱼从它们的掌边溜走。即使有的熊最终能逮到一条鱼，但也可能被另一只挥来的熊掌偷走。

海浪中的巨熊之争没有母熊和幼崽插手的余地。它们要等到时间推移，鲑鱼开始在入海口聚集的时候才会有机会。脱离了好斗的公熊的干扰，母熊捕猎的办法就多了。它们不只会扑向跃起的鲑鱼，更多的时候它们会利用平静的河流，把头伸到水下去搜寻鲑鱼的踪迹。浮潜作业适宜单身母熊，对带着幼崽的母熊来说就不适合了。棕熊母子会等到潮汐变化、鲑鱼往上游游去的时候才捕食，这时河里挤满了在浅水中摇摆扭转的鲑鱼。这时母熊才可能一边照看岸边的幼崽，一边捕鱼。

鲑鱼数量激增对于等待已久的狼来说也是机会。它们和乌鸦一样，是在熊掌边上捡漏的专家。但在浅滩上，它们也能自己逮到一整条鲑鱼。事实上，这些聪慧超群的捕食者在捕鱼这件事情上，比棕熊强多了。

到了7月底，第一批鲑鱼会洄游到上游产卵。棕熊一路跟随，聚集到瀑布处抓取跃起的鲑鱼。这个天赐之福对所有捕食者的生存至关重要。事实上，卡特迈湾的阿拉斯加棕熊一年里近90%的食物都来自于鲑鱼洄游的这6周，这种福气能一直持续到10月。相比之下，生活在海拔更高的山上、从不到海边来的灰熊就几乎总得以浆果为生，它们的个头也比这些吃鲑鱼的亲戚们小。

海滨之爱

鲑鱼来到海边这件事情对于世界上许多沿海捕食动物的生活都有决定性影响，但有一种鱼能带来更为美妙的海滨奇观。每年夏天，数百万条毛鳞鱼会到大西洋北部的纽芬兰湾产卵。毛鳞鱼的特殊之处在于，世上只有两种鱼会从海里游到海边产卵，而它就是其一（另一种是银汉鱼，生活在加利福尼亚南部和加利福尼亚半岛，数量比毛鳞鱼少得多）。数量如此庞大的毛鳞鱼抵达纽芬兰湾，它们几乎成了各种各样的捕食者完全赖以生存的根本。

产卵期到了，纽芬兰湾多处海滨翻腾的海浪里卷着成簇的毛鳞鱼。这些不足25厘米长的细长的鱼儿，在海浪中闪耀着银蓝色的光泽。很快整片海滩上就会有数十万条银色的毛鳞鱼在沙子上翻腾扭动。这是爱情的舞步，

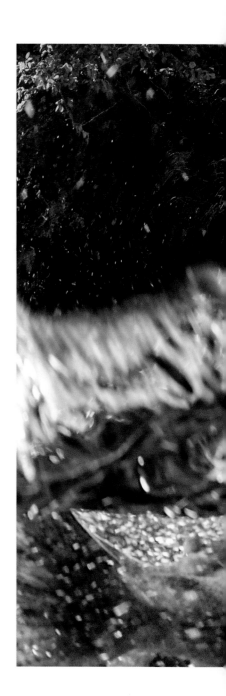

▶ **鲑鱼大餐。**一只雄性棕熊抓住了一条要洄游到上游繁殖地产卵的鲑鱼。不像体形更大的公熊在海边捕鱼，年少的棕熊和带着幼崽的母熊通常都会等着鲑鱼游到河里才开始捕猎。

每条雌鱼都会紧紧地与两条雄鱼交合在一起。雌鱼会产出 6 000~14 500 个卵，留在沙中孵化。已产卵的雌鱼当年不会再来这里。但雄鱼会继续在浅滩上流连，再碰四五次运气。一个月左右的时间之内，海滨上会挤满翻腾的毛鳞鱼，这对许多捕食者来说都有着无法抗拒的吸引力。成群的海鸥从拍岸的海浪里抓鱼，而赤狐则由于抓得太多，不得不先将猎物埋在沙子里存起来以备以后食用。纽芬兰的白头鹰数量在 300~600 对，这儿是全北美

▼ **不幸的爱人。** 数百万条跳到岸上在沙中产卵而被困纽芬兰湾的毛鳞鱼，要么已经横尸海边，要么奄奄一息。在海边期待已久的诸多捕食者中包括较大的鱼类和座头鲸。

白头鹰数量最多的地区之一。白头鹰基本上就靠捕食这些鱼为生。

没有人知道为什么毛鳞鱼要离开自己生活的地方到岸上来产卵。可能是温暖的沙子能让卵更快地孵化吧。不然就是因为这是一种避免海中捕食者侵袭的方法。毛鳞鱼在海洋食物网络中是关键的一环，鳕鱼、鲱鱼和大比目鱼等大型鱼类每年夏天都等着它们归来。纽芬兰的许多海鸟都会调整自己繁殖的时间，以便雏鸟正好能在毛鳞鱼抵达时孵出。迄今为止，这些数量庞大的鱼群吸引的最大捕食动物是座头鲸。每年夏天都有全世界最大的座头鲸捕食群体来到这片水域。这些鲸鱼离开自己位于加勒比海的繁殖地，向北美东海岸洄游，算准时间在毛鳞鱼产卵的高峰期抵达。

座头鲸面临的难题是毛鳞鱼会到浅水区产卵。鲸鱼捕食主要是靠囫囵猛吞式，座头鲸会用它的巨大口腔和伸缩自如的喉咙一下吞入挤满了鱼的大量海水，然后通过嘴巴双侧的鲸须板筛选出里面的鱼。座头鲸的鳍是所有鲸鱼里最长的，因此它们特别灵活，猛吞的速度也很快，这些都是捕食像毛鳞鱼这样游动速度较快的鱼类的必要技能。但这种捕食方式需要消耗的能量惊人，只有以密集鱼群为目标时才能收回成本。毛鳞鱼产卵时都会紧贴水底，所以座头鲸需要把它们赶入卷起的水柱中，围成密集的鱼群，以便能一口吞下。像鳕鱼这些饥饿的鱼类也能帮忙把较小的鱼从海床赶入深水处。但在纽芬兰的座头鲸会用不同的方法。它们沿着悬崖捕食，把毛鳞鱼逼入绝境。在悬崖处捕食对于一头35吨重的鲸鱼来说是很危险的，所以它们会选择平整的峭壁，尽量避免受伤。

一直以来人们只在海面上见过座头鲸用猛吞的方式进食，但给纽芬兰湾的座头鲸使用电子标记之后，科学家们发现它们也会在毛鳞鱼密集的深海处用这种方式进食。晚上捕食时，它们会发出高频敲击音，这样做有可能是像海豚一样，以高频敲击音为声呐扫描海底，搜索鱼群。它们甚至可能用这种声音把毛鳞鱼赶到一起，圈进水柱里，便于猛吞进食。

海陆交界的繁育

为了来海陆交界地带繁殖而遭受捕食者侵袭的不光只有鱼类。海龟的祖先是陆地爬行动物，如今海龟仍然需要在旱地上产蛋。大多数龟都愿意在偏僻的小岛上做窝，这样捕食者会少一些，而且它们通常会一次产很多的蛋以减小被吃光的概率。澳大利亚约克角半岛外有一个小型沙地螃蟹岛，那里是濒危的平背龟为数不多的独立繁殖点之一。当这些1米长的海龟们从海浪里拖身而出时，你可能会觉得它们坚硬的壳就够保护它们的安全了。但等待它们的是湾鳄。就在海龟们来螃蟹岛繁殖的时候，这些六七米长的大怪兽也沿着海湾一路游到了这里。有人曾经看见湾鳄叼起整只海龟抛到空中，然后再用强有力的嘴巴把它接住并咬碎。

即便成年海龟能够逃脱鳄鱼的侵袭成功产蛋，许多其他带着翅膀的捕食者也在虎视眈眈。刚孵出来的小海龟打算借着天黑潜逃，但数百只夜鹭会把它们从岸边抓走。有些鹈鹕甚至用喙筛沙，翻出刚孵化的小海龟。若是海龟宝宝们成功回到了海里，还有鱼和鲨鱼等着要吃掉它们。

有一种海龟会在海边大量做窝，那是榄蠵龟。比如在哥斯达黎加海岸，这些海龟和它们刚孵出的宝宝要应对多种捕食者：庞大如美洲豹、狡猾如长吻浣熊和浣熊、敏捷如军舰鸟、坚毅如沙蟹，甚至还有蚂蚁。它们的策略是只在几个晚上集中产蛋。数十万只榄蠵龟同时做窝的壮观景象被称为阿里巴达现象。在有些地方，由于聚集在沙滩上的海龟实在太多了，你甚至能踩在龟背上从海滩的一头走到另一头。

渴求温暖

也有许多海洋哺乳动物不得不回到岸边繁育，但原因却有所不同。所有的鳍足类动物，包括海豹、海狮和海象，都觉得在海里生产和哺育幼崽太耗费能量了。在海面结冰的高纬度地区，许多海豹都会在冰面上产崽。当然，在北极就有被北极熊吃掉的危险，因此生活在北极的海豹会把自己哺育幼崽的时间尽量缩短。而在南极洲，威胁来自会把其他海豹从浮冰上抓下来的豹海豹和用猛冲带起的海浪把海豹冲下来的虎鲸。冰上也没有可以挡风的地方，而且冰还可能会裂开。因此只要有可能，海洋哺乳动物还是倾向于在旱地上繁殖。

▲ 榄蠵龟。11月，数千只雌性榄蠵龟爬上哥斯达黎加的海岸边，一年一度的大型岸边做窝盛会——阿里巴达现象即将上演。虽然有些海龟会被美洲豹和鳄鱼抓走，但更多的捕食者（包括人类）的目标是它们的蛋以及之后刚孵出来正逃往海洋的小海龟。

大西洋南部的南乔治亚岛的沙滩上挤满了海豹，几乎无处下脚。夏天，会有近 400 万只南极软毛海豹（占全球总数的 90% 以上）挤在海滩上，而在一条 3 000 米长的海滩上，超过 5 000 只南象海豹挤成了一堵墙。

然而如此惊人的聚集并不是因为惧怕捕食者的侵袭，主要的原因在于有社交优势。这些种类的雄性海豹都有很多伴侣，常常为了争夺领地和雌性而打架。幼崽完全靠妈妈哺乳养活，所以雄性终日无事可做，除了打架就是交配。而雌性则通过与最强壮的伴侣交配来获得庇护。

　　许多食腐动物，尤其是鸟类，都被吸引到海豹繁殖的海边来，但陆地上的捕食者就相对少得多。然而位于纳米布沙漠边缘的纳米比亚海岸上，生活着一群几乎完全以南非海狗（也叫非洲毛皮海狮）幼崽及其尸体为食的棕鬣狗。在纳米比亚，这种濒危动物只剩 800~1 200 只，其中半数都在海边生活，原因是海狗的哺乳期较长（大约 11 个月），这里全年都有海狗幼崽。而且这里环境艰苦，棕鬣狗除了个头小一点的黑背豺以外再无其他竞争者，因此它们几乎独享了所有的资源。

离开海洋的生活

　　几乎没有海洋生物会离开大海到陆地来觅食，但有一种特别有组织的捕食动物却几乎做到了这一点。有些专门以海洋哺乳动物为食的虎鲸发现，

在海豹繁殖期间，岸边有丰富的食物。

南大西洋的克罗泽群岛是地球上最荒芜的地方之一，但每年海象洄游繁殖时，都会有一群虎鲸出现在这里。这些深海海象脂肪丰厚，一旦被虎鲸拉入巨藻里，海水也会被它们富氧的血液染红。人们发现，许多虎鲸每年都会到访，而且最近在马尔维纳斯群岛也发现了类似的现象。看来这种经验已经被传承下来了。

阿根廷瓦尔德斯半岛的迎风海岸上，南美海狮结成小群在此繁育。一群虎鲸发现，只要它们在合适的时间来到这里，就能在岸边偷走海狮幼崽。但它们得把大多数的进攻机会集中到3月下旬至4月这几个星期里，这时的幼崽大小正合适。要是来得太早，幼崽还在砾石滩上吃奶；而要是来得太晚，海狮已经长大，知道波浪里危机四伏，虎鲸就难以得手了。

为了更好地偷袭海狮幼崽，有些到访海狮巢穴的虎鲸学会了高超的搁浅攻击法。通过快速游动，虎鲸借助海浪让自己冲到岸上，然后顺势抓走一只未及反应或逃得不够快的海狮幼崽。这个方法的风险在于它们可能会因被困在海滩较高的位置而失水，因此你时常会看见虎鲸在岸边扑腾，努力想把巨大的身躯挪回海里。它们对潮汐十分了解，能根据地理位置的不同，专门选择在落潮或涨潮时攻击。为了涨潮时取得成功，虎鲸还得算准海潮即将上涨到最高点的时间，这样它们离幼崽更近，而且不用担心搁浅在岸上。但在两个珊瑚礁之间形成的海峡里，涨潮前后6小时的水会变得更深，能延长捕食的时机。许多虎鲸都喜欢在这里进行搁浅攻击，因此这条峡道又被称为进击峡道。

搁浅攻击非常难以掌握，目前只有10头虎鲸能做到。每年有5群不同的虎鲸会到访瓦尔德斯半岛的海狮巢穴，而每一群里，只有一或两头虎

◀ **进击峡道**。一头5米长的虎鲸（名叫贾丝敏）从深水峡道中蹿起，在海浪之中直奔一只毫无防备的海狮幼崽（左侧）。它很擅长在这个有利位置捕捉海狮幼崽。

鲸会使用搁浅攻击的方式。但如果能成功的话，它们会与同伴分享成果。不同的鲸群有不同的战术。有些会在涨潮过程中攻击，这样如果它们搁浅，一会还能被潮水卷回海里。另一些则鲜少离开海水，而更喜欢在拍岸的浪花里夺取海狮幼崽。

　　这里最为特别的一点在于虎鲸还会进行捕食教学。通常善于搁浅攻击的虎鲸会把一只海狮幼崽带到水位较深的区域。在幼崽还活着的时候，虎鲸会用尾鳍把它抛到高空里。一场残酷的猫鼠游戏即将开场，经验不足的虎鲸同伴可以从中学会如何捕捉快速移动的海狮幼崽。看来这种危险的搁浅攻击法不仅对灵活性有很高的要求，还要把握最佳时机。

▲ **海滩训练。**雌鲸贾丝敏在涨潮时从深水峡道进攻，但不巧未能抓住它的目标幼崽。旁边是它的孩子，正在观察学习。而海狮幼崽也学得很快，虎鲸捕食的时机被缩短了。

▶（上图）**瞄准出击。**海狮幼崽及时爬上了岸，躲开了贾丝敏的攻击。贾丝敏的孩子记住了这种搁浅攻击的方法，它还需要几年的时间才能学会。年幼的虎鲸在10岁以前一般都不会采用搁浅攻击的方法。

▶（下图）**得手撤离。**贾丝敏抓住了一只在海浪里的海狮幼崽，开始带着猎物扑腾着离开岸边。

第 5 章
北极——受制于季节

　　对于极地的捕食者和猎物来说，应对持续的环境变化是它们在生存中面临的最大挑战。地球上再也找不到另一个变化如此强烈的地方。每到冬天，南极洲的面积会因海面结冰而增加一倍。与此同时，地球的北端则随着夏天的到来，北冰洋上 2/3 的冰面都会融化，陆地上冰雪消融，自然风光褪去雪白，初显棕色和绿色。完美伪装在冰天雪地中的动物该如何面对这一巨大变化呢？对于极地的捕食者和猎物来说，生存的唯一法则就是适应不断变化的环境。

▶ **猎物——北极兔。** 在加拿大的埃尔斯米尔岛，小野兔们从一只北极狼口中逃脱。小野兔们从断奶后一直到秋雪来临前都会群居，以保安全。

◀ （第 160~161 页）**捕食者——北极狐。** 春天，俄罗斯北部的弗兰格尔岛会吸引大量雪雁，北极狐因此也得到了许多雁蛋和雏雁。这只北极狐正叼着从雪雁巢里抢来的蛋，准备储藏起来，留待以后食用。

冰上之王

北极熊是北极地区至高无上的霸主。这种全世界最大的陆生食肉动物非常适应北极冬天的生活。灰熊只能在白雪覆盖下的兽穴里度过北方的寒冬，北极熊却在漫长的极夜中穿梭于冰原之上。事实上，由于它们的保温能力太强，体温过高竟成了它们的主要问题。

北极熊的体温和人类基本相同，可是它们皮毛尖端的温度却比体温低了75摄氏度。它们的皮毛不是白色的，而是透明的。这样阳光就能透过皮毛，温暖皮毛下面黑色的皮肤。大多数的反射红外线被中空的皮毛捕获——里面的空气升温，从而提供更多热量。北极熊的皮毛保温效果非常好。用热成像照相机给它们拍照时，你就会发现，它们除了呼吸以外，基本没有任何热散失。

巨大的体形不仅使北极熊免受寒冷的困扰，同时也是它们捕猎的必需。要是没有这样的力量和体重，北极熊就无法打破坚冰，捕获海豹。可是，块头太大也有缺点。它们每一次移动需要消耗的能量是其他哺乳动物的两倍。体重过大意味着北极熊只能慢慢移动，提速非常困难。因此，北极熊的捕食过程也就是审慎地平衡从猎物中摄取的能量和捕猎所耗费的能量的过程。

◀ **潜水高手、游泳健将、冰上漫步者。**一只北极熊在捕猎失败后浮出了海面。海豹在冰上休息时，北极熊还能悄悄地游近它们，一旦海豹到了水里，想抓到它们可就很难了。北极熊的皮毛就像一件干式潜水服，体内的脂肪使北极熊可以浮起来并能在水中一连待上好几小时，甚至好几天。

最好吃的海豹

环斑海豹是北极熊最喜爱的食物，约占到它们食物总量的80%。这种北极海豹数量众多且分布广泛，总数超过700万只。同时，它们也是这里最小的海豹，甚至连幼熊都可以把它们解决掉。而具有决定性意义的是它们的生活方式。其他北极海豹在移动的浮冰上生活，然而环斑海豹却生活在靠近陆地的坚冰上。这种永久性的坚冰与陆地相连，即使在夏天也不会融化。

与其他北极海豹不同的是，环斑海豹的每个脚蹼上有5只锋利的爪子，这种"设计"使其在挖洞的同时还可以保留通气孔（其他海豹则要依靠移动的海冰上的气孔）。在冬天和早春的时候，海豹要在冰块和厚厚的积雪下挖出一个洞穴。冬天可以在洞穴里休息，春天可以在里面哺育小海豹。这样既能使它们免受北极寒风的摧残，又能避开北极熊的视线。

北极圈的冬日漆黑而漫长，大部分雄性北极熊和一些不在繁殖期的雌性北极熊不停地在冰冻的海洋上寻觅海豹。太阳已经是很遥远的记忆了，它也许只是地平线下的一缕微光。狂风怒号，气温降到了零下70摄氏度，冰面看上去毫无生机。在这样黑暗而毫无特征的世界里，北极熊要如何寻找猎物呢？一个用拉布拉多犬做的有趣的实验给出了答案。初春的时候，研究者们让一只拉布拉多犬闻了闻死去的海豹，然后在冰原上放开了它。研究者们感到惊奇的不仅仅是这只狗迅速地找到了藏在冰下的海豹洞穴，更让他们感到意外的是，藏在洞穴里的海豹数目竟如此众多，通气孔的密集程度也远远超出了他们的想象。每只海豹都会挖出5~6个不同的通气孔来迷惑捕食者。然而即便是在冬天，北极熊一旦找到一个被海豹占领的洞穴，就能抓到许多海豹。更令研究人员感到惊奇的是，狗竟然能闻到冰面

▶ **环斑海豹——四季的猎物。** 所有海豹中个头最小的是环斑海豹。在加拿大努勒维特的巴伦岛上，一只年轻的环斑海豹正在冰面上晒太阳。它褪去了婴儿时期用于伪装的白色皮毛，换上了少年时期上黑下银的皮毛。海豹一周大的时候就会游泳了。而且为了躲避北极熊的追捕，它们还会潜水。这个年龄段的海豹已经不像婴儿期时那么容易被北极熊捕获了。

下 1 000 多米的海豹的气味。这说明北极熊的嗅觉至少像狗一样灵敏。毕竟，对于北极熊来说，嗅觉代表了一切。

一击即中

一只北极熊在海冰上慢慢悠悠地搜寻。它迎着风向前走去，又或者说，穿过风向前走去，这样有助于闻到猎物的气息。冰下的环斑海豹对细微的震动都很敏感。冰可以很好地传递声音和震动。冰面下的麦克风可以接收到 400 米以外的人类的脚步声。一旦感觉到北极熊的动静，海豹就会滑进海里。因此，北极熊在前进的时候必须格外谨慎，每一步都要落得非常轻。

一旦移动到海豹洞穴上方，北极熊就会慢慢把它们的重心移到后脚掌上，猛然起立全力砸向冰面。为了增加捕获海豹的概率，北极熊真的得一击即中。通常一只体形硕大、经验丰富的雄性北极熊一击就能成功。波弗特海上海豹的数目众多。针对那里的一项研究表明，在北极熊向海豹洞穴发起的 556 次进攻中，只有 46 次是成功的。对于大多数北极熊来说，冬天捕食成功的概率非常低。非繁殖期的雌性北极熊往往只能捡其他北极熊剩下的猎物吃。也许，要向海豹过冬的地洞发起冲击正是北极熊保持如此巨大体形的主要动力。

悠闲的南极居民

南极洲的威德尔氏海豹在很多方面都和环斑海豹非常相似。威德尔氏海豹比环斑海豹大得多，和环斑海豹一样，它们也要用牙齿在冰上留出小孔过冬。然而在春季繁衍的时候，它们却不会受到来自南极洲大陆上的捕食者的威胁（尽管在海里的豹海豹和虎鲸都会捕食威德尔氏海豹）。

格陵兰海豹和威德尔氏海豹都要用 6 周的时间给小海豹断奶，只不过二者之间的过程有所不同。北极的环斑海豹并不群居，每一对海豹都会留几个通气孔来迷惑它们的敌人。而坚冰下的威德尔氏海豹没有被捕食的压力，因此一般 1 只雄性海豹会和 8~10 只雌性海豹生活在一起，它们只保留一个通气孔。如果在南极冰下潜水，你会听到由一阵阵美妙的呼叫声组

▶（上图）捕猎幼崽。一只新生的白色环斑海豹幼崽趴在洞穴上方的冰面上，丝毫没有意识到一只北极熊正在慢慢地、悄悄地靠近它。北极熊接近猎物最大的挑战在于要做到无声无息。这对于一只大型动物来说是非常困难的。

▶（下图）春季小丰收。海豹幼崽是北极熊的户外简易小食。这只才刚出生几天的幼崽已经能够游泳，它本有机会逃回妈妈为它搭建的冰下小窝，或在必要时穿过小窝的孔直接潜进海底。对于北极熊来说，这时最大的挑战就是要在海豹幼崽逃进海里之前一击打破冰面。

成的旋律，那是雄性海豹在守护它们的雌性伴侣和它们的通气孔。

与环斑海豹不同，威德尔氏海豹在冰面上无所畏惧，因此经常在外面一睡就是好几小时。北极的所有海豹幼崽都披着白色皮毛作为伪装，而南极的海豹幼崽却通常是黑色或灰色的。由于没有陆地上的天敌，南极洲的海豹和企鹅在冰上的生活显得更加惬意。

北极熊的尾随者

北极熊并不是冬天的北极浮冰上唯一的狩猎者。北极狐一年四季均会外出捕食。它们厚厚的冬装既是伪装也能保温。还有它们小巧的体形、短短的口鼻、小小的耳朵以及趾间的绒毛都有助于保暖。可是冬天对于生活在极北地区的北极狐来说依然异常艰难。

小小的北极狐无法打破环斑海豹的洞穴，因此，它们只能依靠北极熊。只要保持一段安全距离跟在北极熊身后，它们就能分一杯羹。到了春天，迁徙的鸟儿都飞回来了，此外，还可以捕到旅鼠。这时候北极狐就可以重新回归正常的捕猎生活了。

春季菜单

春天到了，其他海豹也陆续回到北极浮冰上繁衍后代。北极熊有了更多可以选择的猎物，新的挑战也随之来临。髯海豹比环斑海豹大得多。它们不在坚冰下搭窝，而是选择在坚冰的边缘、逐渐化成浮冰的地带繁衍。对于北极熊来说，移动的世界更难驾驭。髯海豹更是小心翼翼，尽可能缩短新生的幼崽易受攻击的时间。髯海豹的母乳营养十分丰富，脂肪含量高达 50%，小海豹出生 6 天后就可以断奶下水了。而且，髯海豹较大的体形

◀ **残羹剩饭。**这只北极狐可能已经跟着这只北极熊有一段时间了，在北极熊身后打扫战场。在冬天没有小动物可逮的时候，北极狐全要仰仗北极熊才能生存。一些北极狐甚至整个冬天都跟在北极熊的身后，保持一段距离。它们有时候甚至要猛咬北极熊的脚踝来分散它们的注意力，才能吃到剩下的食物。

决定了只有体形也较大的北极熊才有可能捕猎得手。

冠海豹和格陵兰海豹会在距离浮冰边缘更远的地方繁衍。与非群居的环斑海豹和髯海豹不同，冠海豹和格陵兰海豹经常好几百只地聚集在栖息地繁殖。这些栖息地都远离坚冰，但对于少数北极熊来说仍然是一个巨大的诱惑。由于它们集中繁育，所以几乎所有的幼崽都在同一时期出生，北极熊不禁挑花了眼。此外，冠海豹的母乳营养非常丰富，它们的幼崽断奶只需要 4 天，比其他哺乳动物断奶的时间都要早。因此，它们的哺乳期在几周之内就会结束，而北极熊便不得不再次回到内陆去寻找食物。

太阳再次升起

极地地区的季节变化非常快，北极的春天很快来到了。在距离北极圈 960 千米的斯瓦尔巴群岛，2 月 14 日那天，太阳第一次升起来了。9 周之后，也就是 4 月 18 日，太阳 24 小时持续不落，一直到 8 月 24 日才会再次落下。在温暖阳光的照射下，冰雪很快开始消融，绿色的浮游植物茂盛地生长起来，覆盖在水面上。陆地上，积雪融化之后，露出了棕色和绿色的苔原，上面点缀着春天盛开的花朵。成千上万只鸟儿从南方飞回来了，经历了一整个冬天，寂静的世界开始恢复生机。每年都会有 150 多种鸟儿飞到北极来繁衍后代，海洋里蓬勃的新生命与 24 小时不间断的白昼为它们全天候的喂食提供了条件。

这些夏季来的"游客"都面临着同一个问题。它们来自一个满是树木和遮蔽的世界，然而在北极，却没有一处可以藏身。对于生活在南极洲的企鹅来说，这不是什么大问题。因为陆地上并没有捕食者来干扰它们的繁衍，这也是它们失去飞翔能力的主要原因。然而在北极，北极狐专偷鸟蛋和还处于哺乳期的幼鸟。北极鸥、矛隼和雪鸮也跟着这些到北极繁衍后代的鸟儿的先锋部队一起北上捕食。到了夏天，孤注一掷的北极熊也会袭击鸟类的巢穴。所有来北极繁殖的鸟类都必须想出法子来对付这些捕食者。

崖顶生活

大多数海鸟的巢穴都建在海岸附近陡峭的悬崖上。一片崖壁上可能有

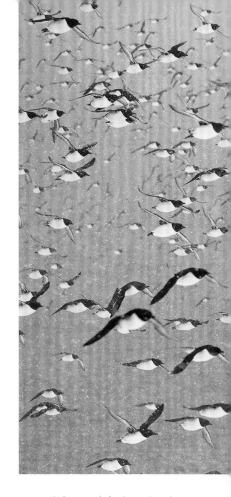

▲ **海鸠来了。**在挪威的最北部，成千上万只海鸠飞往它们栖息的悬崖。这些海鸠在海上过冬，到了 3 月就会回到它们的巢穴。一旦悬崖上的冰雪消融，它们就立即开始产蛋。

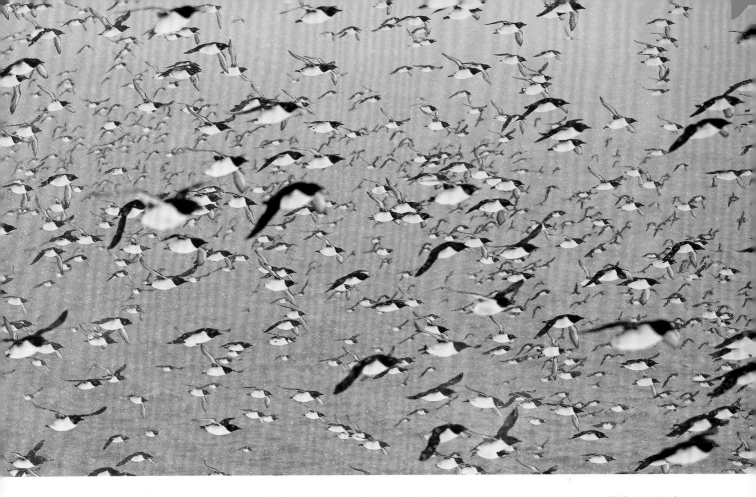

数十万只繁殖期的鸟类，这构成了北极最壮观的场面之一。其实这里的鸟只有4种，大部分是海鸠，白嘴潜鸟也很常见。它们的巢穴往往建在最薄的崖壁上，鸟蛋则为特殊的尖头椭圆形，这样可以防止鸟蛋从边上滚落。还有两种三趾鸥——黑腿三趾鸥和红腿三趾鸥。它们的巢穴往往建在宽一些的崖壁上。北极狐踌躇满志，想要登上鸟类筑巢的高地。可是在大部分情况下，悬崖都为鸟儿提供了绝佳的安全保障。

生活在北极地区的大多数海鸟还有另外一种防御策略。小海雀的个头与椋鸟差不多，所以能挤进高高的悬崖下面，岩屑堆里的小石缝里。在岩石的保护下，北极狐无法接近小海雀的鸟蛋和幼鸟。而成年的海雀却依旧要与空中的捕食者——北极鸥与矛隼周旋。

矛隼是一种生活在北方的游隼，主要有灰、白两种颜色。这两种颜色

◀ **悬崖上的繁育者。** 白嘴潜鸟的巢穴在斯瓦尔巴群岛一处陡峭的崖壁边上。这样的地理位置可以保证它们的鸟蛋和幼鸟远离陆地上的捕食者，却无法避免海鸟的侵扰。产蛋是同期的（每一对白嘴潜鸟产一枚鸟蛋），小鸟孵化后跳海滑行的时间也大致相同。这时它们还不会飞行，还要依靠群体在数量上的优势来赢得生存的机会。

▶ **卵石上的产蛋者。** 斯瓦尔巴群岛岸边的栖息地上，一对小海雀在它们的巢外休息。它们的巢建在悬崖下面的卵石坡上。在洞穴中和在岩石之间的裂缝中更加安全，小海雀由此有时间长出羽毛。在有能力飞向大海之前，它们都不会离开自己的巢穴。

都可以为它们在冰雪中提供绝佳的伪装。为了免受来自空中的袭击，小海雀既要防范矛隼，还得提防北极鸥，因此它们总是把巢穴建在一起。它们最大的栖息地位于格陵兰岛，聚集了 100 多万对海雀。成群结队的成年海鸟从海上带回食物，看上去就像是黑色的小鸟组成的烟雾状的旋涡。到达栖息地的时候，它们不会直接回到巢穴，而是会在碎石坡附近来回转，聒噪地拍打着翅膀围成一圈。对于矛隼这样高速捕食猎物的捕食者来说，贸然钻进一大群海雀围成的旋涡里是十分危险的。因此，它们更倾向于捕食那些独来独往的猎物。

虽然北极狐无法接近海雀建在岩石上的家，但是这个诡计多端的捕食者想出了一个聪明的办法。它们会悄悄潜入海雀的栖息地，藏在碎石堆中。用不了多久，前来捕食的矛隼和北极鸥会使小海雀受到惊吓而飞到空中。当它们回到巢穴的时候，北极狐便会突然跳出来抓住其中一只。

户外生活

其他处于繁殖期的鸟类没有其他选择，只能把巢筑在空地上，它们大多是涉禽、贼鸥、燕鸥。为了应对北极地区的捕食者，这些暴露在外的繁育者想出了两种截然不同的对策。贼鸥和北极燕鸥通常采用进攻型战略，保卫它们的巢穴。它们会不停地俯冲，攻击入侵者。凡是遭受过愤怒的贼鸥攻击的动物都会知道那是一种怎样可怕的体验。哪怕是北极熊也不敢招惹愤怒的北极燕鸥。它们那像利刃一样的喙会让你付出血的代价。

其他在陆地上筑巢的动物则要尽可能地隐藏自己，避免引起敌人的注意。雌性的绵凫是名副其实的伪装大师。为了求爱和自我展示，雄性的羽毛色彩艳丽，而雌性的翅膀则更接近苔原的颜色。只有在极少数的情况下，它们才会离开自己的蛋。这时，它们会用从自己胸脯上拔下的羽毛来盖住这些蛋。如果正在孵蛋时北极狐来了，鸟妈妈绝不会冒着鸟蛋冷却的危险飞走，而是会直挺挺地待在原地，屏住呼吸，尽可能地放慢心跳，最长甚至可以坚持 10 分钟之久。

在飞来北极产蛋的鸟儿中，有 3 种灰瓣蹼鹬非常有名，因为它们有一种独特的喂食方法——在水上旋转然后用蹼拍打水面干扰猎物，之后再相对安全地喂食。它们出名的另一个原因是，这种鸟儿在翅膀的伪装上发生了反转。通常雄性鸟类为了取悦雌性，战胜情敌，羽毛的色彩比较鲜亮。而雌性多是灰褐色的，这样在巢边时不容易被发现。然而灰瓣蹼鹬中，颜色更加鲜亮的则是雌性。因此，灰瓣蹼鹬的大部分孵化工作由雄性来完成也就不奇怪了。可是，这是为什么呢？

所有的北极涉禽产的蛋都要比正常的蛋大，因为它们的幼鸟要在壳里度过大部分的成长期。因此，幼鸟几乎一孵出就能立刻离开巢穴，这缩短了它们可能被北极狐猎杀的时间。个头相对较小的瓣蹼鹬要产大个儿的蛋，所需的能量给了雌性瓣蹼鹬很大压力。因此，精疲力竭的雌鸟会让雄鸟来照顾鸟蛋和幼鸟，而自己则先一步飞到南方去养精蓄锐，为来年春天继续产蛋做好准备。

景色变化

春天到了，冰雪开始消融。北极圈极点附近的陆地上所经历的变化要

▶ **数量保证安全。**发育期的北极兔基本上已经全部换上了成年的雪白皮毛，夏天的时候，它们成群结队地在位于加拿大北极圈的埃尔斯米尔岛的苔原上觅食。那么多耳朵和眼睛加在一起，更容易发现来自周围的狼的威胁。

比海冰层的消失速度更快、更富有戏剧性。整个冬天都白茫茫一片的苔原这时显露出了绿色、棕色和灰色。从空中俯瞰，你会被它季节性的美丽景色所震撼。冰霜堆满苔原，河流像银色的静脉一样再次缓缓流淌。许多北美驯鹿从南方跋涉而来，在这些夏季迁徙者的映衬下，整体的景色都生动了起来。

　　对于少数冬天的居民来说，一冬天里用来保护自己的伪装在这时反而会成为它们的阻碍。在仅有的陆栖捕食者中，只有北极狐不辞辛劳地褪去它们的白色外衣，而北极狼则是一年四季都通体雪白。造成这种差异最可能的原因是：这两种捕食者的捕猎范围有所不同。北极狐的狩猎范围遍布北极各处，而北极狼只在极点附近的区域活动。在北方纬度最高的地方，

▼ **妈妈的宝宝和饿狼的口粮。**
一只北极兔哺育了 11 只小兔子。
这群兔子里只有几只处于青春期
的小兔子才可能是它的宝宝，聚
在一起不仅是为了哺乳，也是为
了舒适。

夏天非常短暂。冰雪融化、苔原显露的夏天只会持续短短几周的时间，北极狼实在没有必要大费周章地去改变自己的颜色。

北极兔是狼最喜欢的猎物，它们懒得褪去自己冬天的保护色。初夏是北极兔繁殖的季节，白色的绒毛很容易使它们暴露在灰绿色的苔原上。北极兔比南方的同类要大许多。它们会直立起来观察敌情，一旦发现危险，它们就会用一种奇怪的姿势蹦蹦跳跳地逃走，像白色的小袋鼠一样。北极兔的行动非常敏捷，狼总是不得不追赶很长一段距离。

北极兔和狼在速度上旗鼓相当，但北极兔的机动性要比狼更胜一筹。只有从空中你才能欣赏到北极兔在北极狼嘴边扭动和转弯的卓越能力。单独一只狼很难抓到成年的北极兔。可是狼很少单独出没，如果一群狼一起捕猎，总会有一只狼能从另一个方向冲出来掐断北极兔的退路。

然而，北极兔还有最后一招。一旦到了夏末时节，幸存的北极兔经常会几十只、上百只地聚在一起。数量一增加，就会有更多双眼睛来观察敌情。这也为北极兔的安全提供了保障。

众生的最佳栖息地

雪雁一起筑巢是北极夏天最壮观的景象之一。北极地区到处都有大片的雪雁栖息地。从那里极目远眺，四周有成百上千个白点，一直延伸到地平线。

对于生活在这里的北极狐来说，回归的雪雁是每年最大的盛宴。巨大的鸟蛋和幼鸟是北极狐的美餐，可雪雁绝不会轻易交出自己的后代。家养的鹅通常可以起到看门狗的作用，而它们的野生远亲则更加凶猛。如果北极狐胆敢靠近它们的巢穴，成年雪雁就会猛地冲向北极狐，大声嘶吼，并且猛烈地扇动翅膀。

一只雪雁就可以吓跑一只北极狐，可是北极狐学会了成对出没。一只北极狐负责引开愤怒的雪雁，另一只乘虚而入，偷走雪雁的鸟蛋或者幼鸟。在最好的时节里，北极狐总能满载而归，它们会把多出的猎物储藏起来用于过冬。为了对抗北极狐，一些雪雁会出乎意料地和北极地区的另一种鸟

类捕食者——雪鸮结成同盟。雪鸮最喜欢的食物是旅鼠——北极极北地区最小的哺乳动物。

人们曾在北纬82度的埃尔斯米尔岛发现过旅鼠的踪迹，它们能钻进雪下熬过最艰难的冬天。可能是由于受到了来自雪鸮捕食的压力，各个种类的旅鼠每年夏天都会改变自己的颜色，以便于伪装。光是一个季节，一对雪鸮就能为它们的孩子捉来2500只旅鼠做食物（见第110页）。

这些体形庞大、充满力量的捕食者会积极地保护它们的蛋和幼鸟，一旦北极狐靠近它们的巢穴400米以内，它们就会猛冲下来驱赶北极狐。在这个安全区域内孵化的雪雁很少会受到北极狐的干扰。可是到了夏末，雪鸮就会开始收取"保护费"。小雁去附近的湖里觅食的时候，就很容易成为雪鸮的美餐。

▲ **抢了就跑。** 在位于俄罗斯北极圈的弗兰格尔岛上，一只北极狐从无雁照料的巢里抢出了一枚蛋。雁爸爸和雁妈妈发动了攻击，但太迟了。北极狐将鸟蛋埋在了苔原里，那是它们的冷藏库。之后它要回去抢更多的鸟蛋，为艰难的时期储备粮食。

▶ **守卫的父母。** 警惕的父母带着刚孵化出的雏雁从巢里出来，到更高的苔原上去找食物。大多数雏雁只要两周就能孵化出来，因此，北极狐食物丰富的时期很短，能抓到的雏雁也很少。

发胖的季节

　　春天和初夏是一年之中北极捕食者们最喜欢的时节。每到这个时候，北极熊的猎物——海豹就开始繁殖了。从 4 月到 5 月中旬，大多数北极熊可以在这短短 6 周的时间内，捕到它们一年之中 90% 的猎物。

　　春天的时候，环斑海豹的幼崽会藏在父母冬天为它们挖好的洞穴中。可一旦夏天来临，被冬天的冰雪覆盖的洞穴外壳就会开始慢慢融化。随着时间的推移，环斑海豹的幼崽渐渐暴露在冰面上，这大大提高了北极熊捕食成功的概率。

▲ **妈妈的美餐。** 北极熊妈妈刚抓到一只环斑海豹，要到一块相对稳固的冰上去享受它的美餐。这只北极熊非常瘦弱，可能是因为拖着孩子，它很难捕到猎物，尤其是现在冰雪还正在融化。

4月初，北极熊妈妈和它们刚出生的幼熊开始陆续从过冬的洞穴里出来了。妈妈们都饿坏了。自从11月初它们进入洞穴起，很多时候是从夏季快结束时开始，它们就没有吃过东西了。

北极熊妈妈不遗余力地猎食海豹，为自己补充能量，这样它们才有力气哺育自己的孩子。与此同时，它们还要防范单身的雄性北极熊杀死自己的孩子。雄性北极熊捕杀幼熊一是为了吃掉，二是为了使雌性北极熊重新回到交配阶段。确实，求偶期也恰恰是猎杀海豹的主要时期。

为了防范单身的雄性北极熊，带着幼熊的北极熊妈妈通常会在靠近岸边或是在能够提供保护的海湾处的坚冰上活动。这意味着它们只能捕到环斑海豹，而且狩猎变得更加艰难。对于这些北极熊妈妈们来说，春季狩猎还面临着一个巨大的困难。那就是北极熊幼崽不知道保持安静，只顾着玩闹。你可以看到北极熊妈妈无奈地冲着淘气的幼熊发出呼噜呼噜的声音，警告它们保持安静。

抓海豹的两种方式

每年此时，北极熊都有两种不同的捕食战术——伏击和追踪。它们更喜欢采取伏击的战术，因为这种战术更省力：北极熊只要躺在环斑海豹通气孔的边上，耐心等待海豹回家。等待时间通常不会超过一小时，可是偶尔在行动之前，也可能要在一个地方等好几小时。

有时候，在第一次进攻之后，北极熊会在一段时间内一直保持着低头的姿势，后肢翘起，堵住洞口。这样可以减少射进洞内的光线，让海豹以为洞口仍旧覆盖着积雪，吸引它们前来。

跟踪则是之后的事了。环斑海豹幼崽长大了，就可以和成年海豹一起去冰面上休息。北极熊必须在成年海豹和海豹幼崽意识到危险、通过通气孔逃回海里之前靠近它们。

北极熊必须顺着风向，慢慢地、小心翼翼地接近猎物。海豹幼崽的视力并不好，可是它们对于冰面上微小的震动却十分敏感。北极熊必须在发动突然袭击前靠近猎物到20米以内。这种技巧性策略需要多加练习才能掌握。

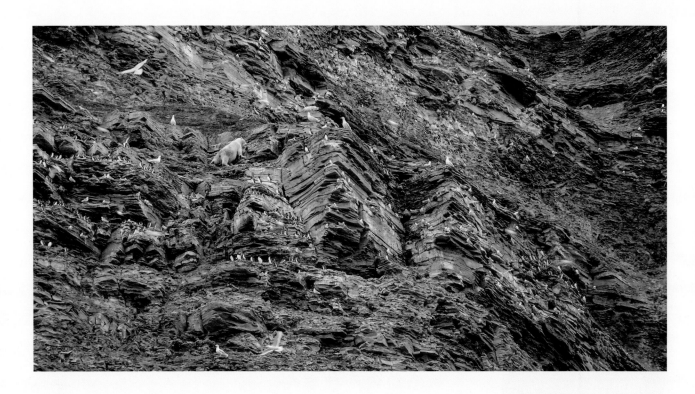

不顾一切

北极熊来者不拒，它们既自行捕猎，也捡食其他捕食者的残羹。夏天的时候，在地上搭巢的鸟儿也很容易成为它们的美餐。有人发现，一些北极熊可以在一座孤岛上花好几天慢慢扫荡所有筑巢的绒鸭，吃鸟蛋和幼鸟，甚至翻转岩石，突袭小海雀的巢穴。一些饿急了的北极熊则会登上陡峭的崖壁去找海鸠的巢穴。攀岩对于北极熊这种体形庞大的动物来说实在是太难了，这可不是它们的长项。曾有人看到北极熊从几百米高的悬崖上跌落下来，掉进海里。

有趣的是，从来没有人见到过北极熊袭击雪雁的根据地。几千只鸟儿聚在一起，那些还小的幼鸟和因为脱毛而无法飞行的成年雪雁都足够北极熊大吃一顿了。问题可能在于即使是飞不起来的雪雁，它们的移动速度对于北极熊来说也还是太快了。北极熊抓雪雁时所消耗的能量要比它们从雪雁身上可能获取的能量多得多。

▲ **攀岩登高。** 在斯瓦尔巴群岛，一只雄性北极熊铤而走险，穿过了一处岩石脱落的悬崖，从300多米高的地方掉进了海里。这只北极熊之所以做出如此冒险的决定，主要是因为海冰逐渐减少，很难追踪到海豹。

▶ **1~4 偷吃捡剩。** 对于这只雄性北极熊来说，它偷鸟蛋和抓幼鸟吃也是不得已而为之。通常一只独熊会花好几天的时间在悬崖处慢慢转悠填饱自己的肚子，北极鸥则会跟在后面，捡些剩下的食物吃。

▲ **追还是不追？** 一只北极狼在思考去抓那只野兔到底值不值得。尽管北极兔的速度非常快，它们的耐力却不如北极狼。加拿大北极地区的埃尔斯米尔岛上，野兔是狼最主要的猎物。

◄ **符合要求。** 狼穴附近，一只怀孕的北极狼好奇地走过了摄像师身边。在埃尔斯米尔岛上，几乎没有人类，也就没有人类的猎杀行为，因此所有动物都不怕人类。北极狼是大陆灰狼的亚种，但是个头却要比其他同类小一点，耳朵小一些，口鼻也要更短一些，这样有助于保存热量。

北极狼想吃大块头

北极狼通常比生活在南方的狼个头要小一些。小耳朵和短口鼻可以帮助它们减少冬天的热量散失。北极地区的猎物也十分瘦弱，所以这一纬度上的狼群很少会超过 6 只。初春的时候，狼崽刚刚出生，狼群里都是狼爸爸和狼妈妈。这些狼不会离开狼穴很远，狼穴往往建在大卵石下方或是山腰里，它们每年都会回到这里。一旦小狼断奶，狼爸爸和狼妈妈就从附近的地方给它们捉北极兔和旅鼠带回来。等到它们再长大一些，能够离开狼穴的时候，它们会组成一个族群。

随着夏天的到来，北极兔及其幼崽已经无法满足幼狼的成长需求。北极狼开始寻找更大的猎物。据我们所知，北极狼可以为了寻找食物长途跋涉 1 000 千米。它们最大的猎物是麝牛。这些大型动物可以抵御北极的严冬。在冬天，旅鼠藏进积雪下温暖的地洞里，狼也躲回了狼穴，而麝牛却能凭借它们巨大的体形和超厚的皮毛来保暖，顶着北极的暴风雪生活。整个冬天，麝牛都会在风雪中穿行，寻找青苔。这些绿色的斑点成了冰天雪地中为数不多的绿洲。雷鸟会飞来吃掉余下的青苔和被麝牛掘起的根须。

即使是对于一大群北极狼来说，制服一头成年的麝牛也并不容易，所以它们更愿意去抓麝牛幼崽。它们的捕食策略是通过惊吓牛群，使其四处逃窜落下幼崽而后捕获之。任何一头掉队的麝牛都会成为被攻击的目标，可是战斗往往不会很快结束，其他麝牛会转过头来冲向狼群，尽管一群狼的数量多达三四十只。它们会面朝狼群将幼崽环绕起来，组成一个牢不可破的圆环。只有让一只惊慌的幼崽与大部队分开，狼才有成功的可能。

▶（上图和下图）长距离的追捕。埃尔斯米尔岛上的一群狼正试图追上一头成年雄性麝牛，相比之下，幼崽更容易捉些。这场追逐的马拉松持续了一个多小时。最后，麝牛筋疲力尽，被逼到角落，死在了狼群之中。但这并不是我们预想的结局。

▼ 冤家路窄。麝牛在狼穴上聚拢，似乎坚信这里的狼正忙着专心抚养幼崽，无暇他顾。

水中追捕

到了 5 月底 6 月初的时候，北极地区的海冰开始融化。大部分环斑海豹的幼崽都已经断奶了，躲到了茫茫海水中。北极熊的日子过得愈发艰难，它们不得不采取新的捕猎方式。而剩下的海豹则在浮冰上休息。

由于狩猎的战场上冰雪融化，北极熊除了游泳之外，别无他法。然而它们被称为北极熊（海熊）可不是浪得虚名。北极熊最远曾游到距离岸边 160 千米的地方。长长的脖子使北极熊的头部能位于水面以上。北极熊的脚掌是所有熊类中最大的，巨大的脚掌为它们游泳提供了绝佳的桨。可要想接近谨慎多疑、在外活动的海豹，北极熊还需要特殊的追踪技巧。

初夏的时候，海冰面上会融化出越来越多的洞，星罗棋布，北极熊学会了利用这些洞来玩消失。跟踪出行的海豹一旦到了 100 米的距离，北极熊就知道自己很快会被发现。因此，它们会躲进融化出的冰洞里，游到海豹

安静的捕食者。 一只北极熊在浮冰之间游动，寻找海豹。一旦发现，它就会低伏在水中潜近猎物，只剩鼻子露在水面上。

大概所在的位置。一旦进到水下，北极熊很快就会迷失方向。接下来，游戏就开始了。北极熊一次又一次从水下冒出头来，监视它们的猎物。北极熊所选的方向常常不对，它们经常会从离海豹很远的水下冒出头来。

夏末时节，冰雪还在继续消融，海冰不再是布满孔洞的大固块，而是变成了移动着的碎块。这时，水上追踪就要派上用场了。首先，北极熊要确定猎物从冰上几乎看不到自己，它们在水中浅浅地游着，把长鼻子的顶端露出水面呼吸。一旦发现了活动的海豹，一般是髯海豹，它们就会藏在浮冰后面，接近猎物。

有时候，冰在融化过程中会在冰面上留下一些凹坑。北极熊可以尽可能地放低身体，尽量和冰面持平，利用这些有水的隧道爬到更接近猎物的地方。当距离海豹只剩下一块浮冰的距离时，北极熊会游到海豹下方，然后突然破水而出，抓住猎物。

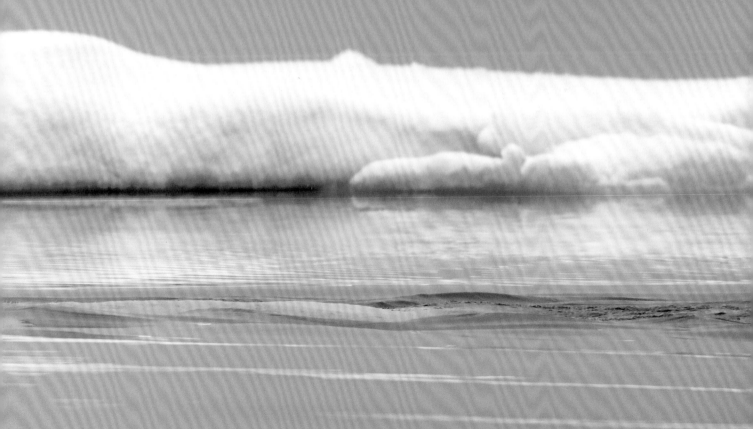

小心北极熊

　　夏天时，成年的雄性北极熊是雌性北极熊数量的两倍多，它们将目标锁定在髯海豹身上。这样的付出是值得的，因为它们在这段时间内抓到的髯海豹的数量明显要比环斑海豹多得多。有些北极熊甚至只抓髯海豹，并不断完善它们在水中的追踪技术。跟踪成年海豹的技巧需要不断练习提升，比如如何通过两块海冰之间的缝隙，或是如何在冰下游动而不产生涟漪。

　　髯海豹对于它们最主要的捕食者北极熊一直都保持着高度警惕。它们甚至会睡在冰的边缘上，脸朝下对着水，警戒着细微的声响，随时准备逃离。海豹幼崽出生在靠近水域的浮冰上，很可能正是因为怕受到来自北极熊的威胁，所以它们出生后很快就可以游泳，用不了多久就会成为潜水专家。

▲ **小心身后。** 北极熊（左）正在悄悄接近猎物，那是需要反复练习掌握的跟踪技术。虽然髯海豹察觉到了危险，但是却没能发现危险的来源。

▶ **1~6 祸福相依。** 北极熊用力猛冲出水面，来到冰面上。虽然它的速度不够快，没能抓住海豹，但它灵活地跟在海豹身后跳入水中，最终抓住了猎物。

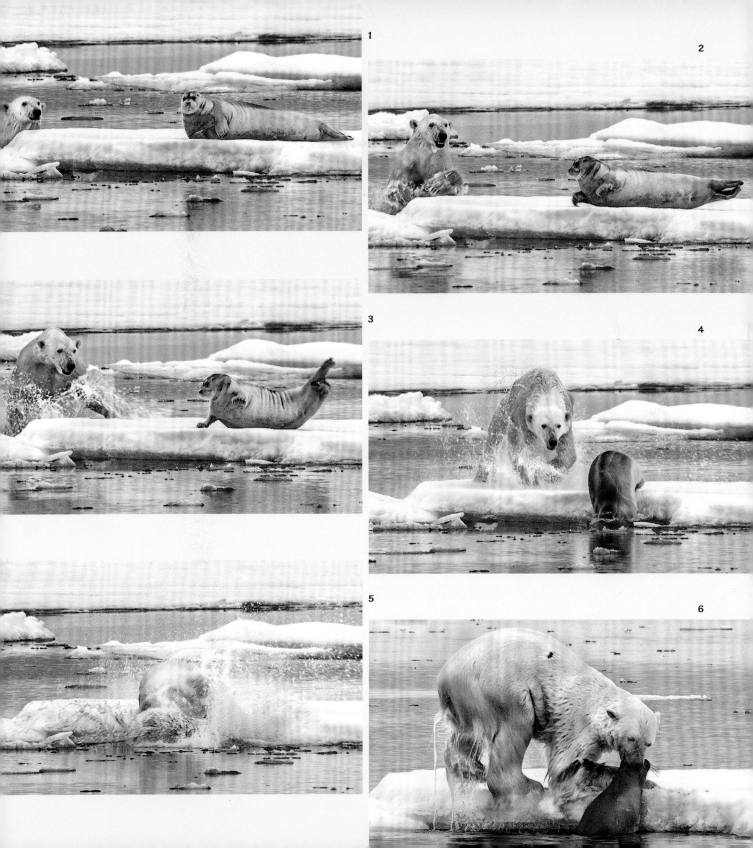

1   2

3   4

5   6

飞向大海。一只 3 周大的海鸠幼鸟从悬崖上跳下，滑向海里。这只幼鸟还没有完全发育成熟，学会飞翔，因此海鸠爸爸陪着它，帮它调整尾巴，远离下面的岩石。它们会和许多带着孩子的成年同类一起游向大海。父母要一直在水上照顾后代，直到它们完全独立。

海鸥掠食。一只黑背海鸥刚刚落地几分钟，就抓住了一只海鸠幼鸟。同一栖息地里的大多数幼鸟都会集中在几天之内完成跳海试飞。这使得在海边掠食的海鸥和北极狐在短时间内即可获得大量的食物，但也因此，它们抓到的幼鸟的数量会逐渐成比例降低。

当幼鸟大量出生的时候

7 月，所有飞来北极的鸟又要重新向南方迁徙了，为它们提供食物的大海会再次结冰。夏日长昼即将结束，北极又将重回黑暗之中。

在陆地上筑巢的鸟儿都在小岛上或是海边产蛋，这样它们即使一出生还不会飞，也能在最短的时间内回到海上。而像绒鸭之类的鸟类的幼鸟则会在海上聚在一起形成保护，防范前来掠食的海鸥。

选择把巢建在悬崖上的雁和海鸟则面临更大的挑战。它们的幼鸟别无选择，只能冒险从岩石上的巢穴中跳下来。它们还不会飞，因此，许多幼鸟只能蹦蹦跳跳地从崖壁上跳下来。它们中的大部分可以活下来，但是又面临着落入北极狐之口的风险。北极狐非常清楚，这是它们捕食的黄金时期。它们整天守在那里，等待幼鸟落下。在此期间，大部分北极狐都收获颇丰，足以存够过冬的食物。

海鸠想出了一个非常聪明的办法来减少它们的损失。所有的幼鸟都会集中在 1~2 周之内长出羽毛。在此期间，天空中的幼鸟如雨般落下，试图安全地滑向海里。父母会陪它们一起飞下，拉着它们的尾巴来帮助它们调

整下落的方位。不幸的是，不是所有筑巢的悬崖都恰邻大海，许多幼鸟坠落到苔原上和海滩上。之后，它们便不得不经受海鸥和北极狐的考验，挣扎着走向大海。

成年海鸠通常会守在幼鸟身边，使其不受海鸥的威胁，可是当遇到一只饥饿的北极狐时，它们也是无计可施，甚至成年海鸠也可能一同沦为北极狐的食物。可由于同时"跳崖试飞"的幼鸟太多，狐狸们在太多选择面前往往难以抉择，因此，大多数幼鸟可以成功到达海上。一旦到达，它们就可以慢慢向南游去，直到几周后，它们最终学会飞行。

▼ **紧盯大餐。**在斯瓦尔巴群岛的海滩上，一只年轻的北极熊正饥渴地盯着一群巨大的海象。它唯一的机会就是惊吓海象群，然后趁乱之际，浑水摸鱼，抓到一只小海象。但这是一次非常危险的行动，因为成年海象会守护它们的孩子，并且这些海象也有足够的能力杀死一只北极熊。

海象，最后的机会

秋天到了，夏天飞来的大部分鸟类开始向南飞去，只余下10种动物。北极地区所有的捕食者必须为贫瘠的冬天做好准备。

北极熊的生活也变得艰难起来，即使那些吃了足够多的海豹储备好了脂肪过冬的北极熊也很难熬，没有经验的小北极熊就更难了。海冰已经完全融化，所有的海豹都回到了海里。夏天快结束的时候，北极熊还有最后一次捕食的机会。

海象喜欢在大块的浮冰上活动，可是夏末之际，所有的冰都融化了，它们不得不成群结队地到海滩上去，可能有数百只之多。即使是巨大的北极熊也无法战胜一只有着厚实皮毛和致命獠牙的成年海象。捕捉海象幼崽相对比较容易得手，但北极熊需要想办法将它们和海象群分开。

一种方法是向着活动的海象冲去，造成恐慌，这样会使海象们惊慌失措地跑向海里，有时候会撞倒一只小海象，或者把它落下。可是想从成年海象手中抢走海象宝宝可不是一件容易的事，北极熊也有可能会死在接下来的战斗之中。

萧索清秋

北极地区的秋天不像春天那么充满戏剧色彩，激动人心。太阳不会突然出现，海洋和陆地也不会直接转化。相反，北极的秋天给人一种萧索凄凉的感觉。风变得冷了，风暴也时常来做客，最终太阳降到了地平线以下，甚至连海洋结冰都不像融化那么有趣。整个海平面静静地泛着油光，慢慢变淡，大冰块开始逐渐成形。最后，在风的作用下，它们聚到一起，形成固定冰。

北极熊迫不及待，等待着冰块冻硬，足以承担它们的体重。整个夏天它们展示的是自己对于环境非凡的适应能力。其他大型生物一年四季总是采用相同的捕猎方式，而北极熊则与它们不同，北极熊每个月的捕食方式都不同，每一次捕猎的难度都比上一次更大。可是现在，冬天就要到了，对于冰上之王来说，生活即将变得稍微容易一些了。

第 6 章
海洋——海中的饥渴

　　海洋占地球表面积的 70% 以上，大部分的海域都是生命荒漠，而有生命存在的地方则因季节和洋流的改变而变幻莫测。能在这里生存下来的捕食者都是最顶尖最专业的，它们以最少的能量消耗跋涉最远的距离来寻找未知的食物。对于它们的猎物来说，在这个没有高墙阻隔的世界里，根本无处藏身。有些猎物成群结队地窝在大片的浅滩里保证自身安全。还有一些猎物身体是透明的，或是利用反光原理消失在蓝色的汪洋里。海洋底部的深海区域则更加广阔。深海占地球生存空间的 80% 以上。越深的地方食物越少，因此捕食者和猎物之间的角逐也更加激烈。

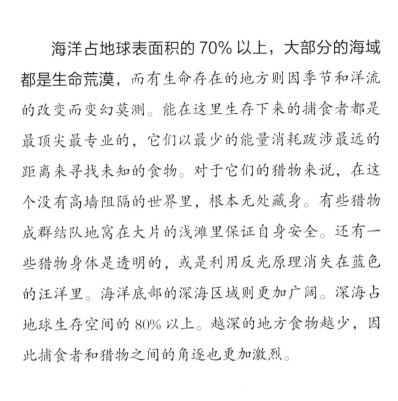

▶ **群体移动。**沙丁鱼总是成群来往，依靠庞大的数量应对来自海底与天空的捕食侵袭。

◀（第 198~199 页）配合。大军舰鸟掠过水面，截获被其他水下捕食者追捕至此的鱼。它们不能在海面上降落。

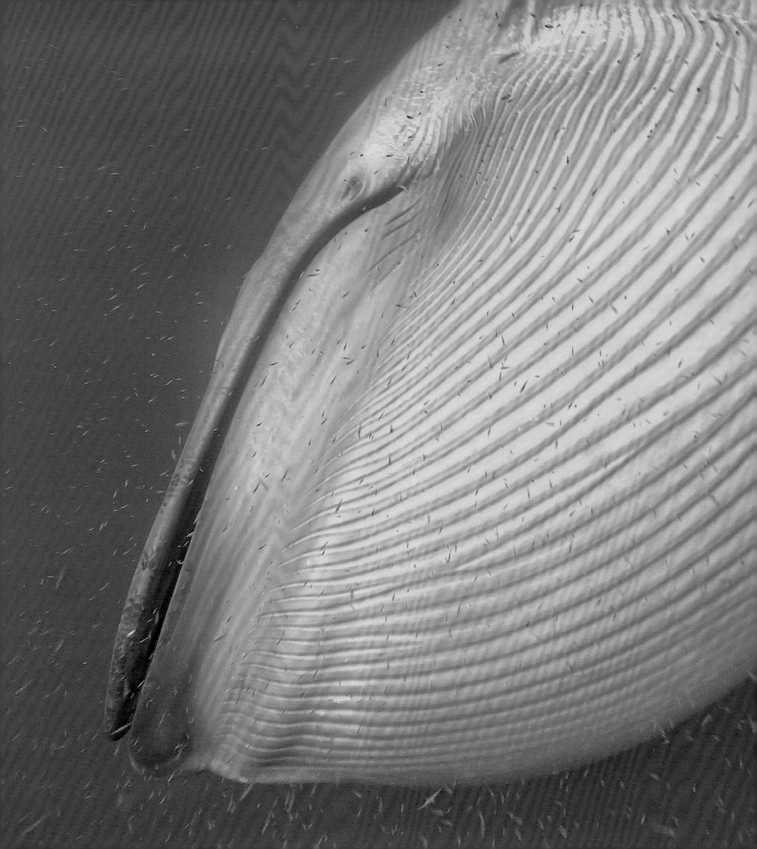

漂流高手和游泳健将

在广阔的大洋中，唯一的能量来自于浮游植物捕获的阳光。这些微小的植物构成了地球上一半的生命，制造了环境中超过一半的氧气。阳光无法照射到海洋的深处，因此大多数的海洋捕食者都生活在距水面30米以内的深度。它们不断寻找浮游植物丰富的水域。阳光和营养物质的神奇组合可以使浮游植物大量滋生。阳光的光照强度随着地区和季节的差异有所不同，而大多数来自海洋深处的营养物质却只有在极端天气或上升洋流的影响下，才会被带到海面。这就意味着大多数情况下，浮游植物的滋生和蔓延是短暂而不可预测的。因此，捕食者不得不终其一生不断追寻。

这种四处飘荡的生活通常有两种形式——浮游和自游。浮游生物总是随波逐流，跟着风向或是洋流的方向前进。这些弱小的流浪者大小不一，最小的有浮游动物，最大的有水母，甚至还有重达2 000千克、长达3米的太阳鱼，这是最大的硬骨鱼了。而自游生物则恰恰相反，它们泅水前行。自游生物的数量远远少于浮游生物，包括各种鱼类、乌贼、海龟、海蛇、企鹅，当然还有包括巨鲸在内的海洋哺乳动物。

◀ **鲸吞无双。** 张开足以吞下大巴车的大口，蓝鲸冲向了一群形似小虾的磷虾。它打开"喉袋"，吞下了大量海水。里面的磷虾被它嘴巴下面像毛发一样垂着的鲸须过滤出来。

没有围墙的世界

　　我们很难想象一只小狮子会成为许多捕食者的美餐，可是在海洋里，大部分捕食者在生命之初都处于食物链的最底端。马林鱼和金枪鱼的幼虫只有几毫米长，尽管它们已经是捕食桡足动物和更小型浮游生物的大饕了，但仍要小心防范，避免成为其他生物口中的美餐。对于所有生活在海洋中的浮游生物来说，生存最大的挑战是学会如何在没有洞穴或是珊瑚岬的地方藏身。在这个没有围墙的世界里，尽可能不引起注意才是正确的生存策略。所以，几乎所有浮游生物都是透明的。

　　翼足螺的脚已经适应海洋生活，变成了两扇透明的"翅膀"，看起来就像是海洋里的小天使一样。幼形海鞘在装有黏液的透明被囊中漂浮着，被囊一端敞开，随海水流入的浮游植物就会被黏液过滤出来。一旦滤嘴堵塞，旧的被囊就会被海鞘遗弃，然后重建一个新的。此外，高度透明的水母是最高效的捕食者之一。比如狮鬃水母，它们不停搏动的泳钟上有很多

▲（左图）掠食水母。一只10厘米长的栉水母被一排排的纤毛推动着前进，散发着七彩光芒。在水中游动的时候，它们可以吞下更小的浮游生物。

（中图）海中蜗牛。翼足螺，又称海蝴蝶，携卵同行。它们行动非常缓慢，壳是透明展开的，只有10毫米宽，有3个棘状突起。海蝴蝶的侧足已经进化成了可以游泳的翼足瓣，以此前行。它们用粘网来捕捉食物。

（右图）海上蓝宝石。这只桡足动物有两个卵囊，是众多虾状桡足动物中的一种。这些桡足动物占海洋浮游生物总量的60%以上，同时也是许多捕食者的美餐。

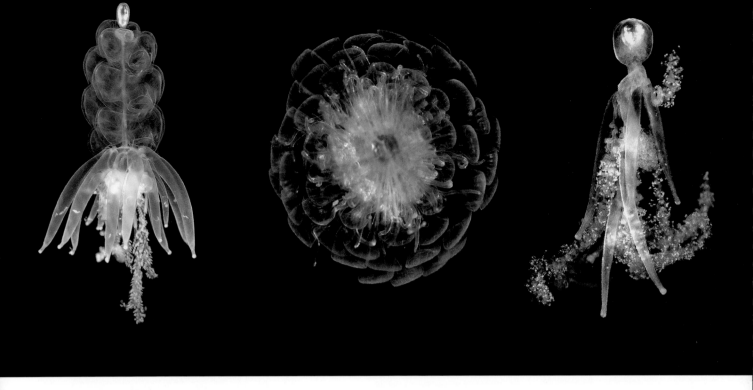

▲ **社会型食肉水母。**这些都是管水母，每只管水母都是由多个独立个体组成的生物群落与捕食单元。这些管水母和它们的近亲葡萄牙军舰水母一样，也用带刺的触手来捕捉猎物。

（左图）草裙管水母。它的浮囊和泳钟能长达 12 厘米。浮囊底部有一个产生气体的小孔，可以控制水母体的浮力。

（中图）玫红管水母。这种管水母没有伞钟，但有多个翼瓣，每一个翼瓣都有游动、进食和繁殖功能。

（右图）丝根水母。这是一种长 10 厘米的水母。在捕鱼的时候，它们的触手可以伸到近 1 米长。

强有力的刺细胞，可以麻痹并吞下猎物。

栉水母是这些透明的漫游者中最美丽的。在潜水手电的灯光下，它们体表成排的纤毛（毛发一样的结构）就像是一朵色彩斑斓的烟花。栉水母有一系列捕猎技巧。个头较小的侧腕水母用两张长长的粘网来捕获桡足动物；而个头较大的瓜水母看起来更像是一个扁平的宇宙飞船，捕食包括其他栉水母在内的更大的猎物。

管水母是所有以浮游生物为食的凝胶状捕食生物中最长的，其中有一些管水母是超有机体。它们长达数米，由 4 个不同功能的水螅体构成。僧帽水母，又称葡萄牙军舰水母，有一大块水螅体进化成了充气浮囊体，可以用来捕捉风，为其前进提供动力。它们的身体（包含两块不同水螅体的群落）下方垂有数米长的触手（这是另一种水螅体），触手上遍布刺细胞，形成了一道透明的死亡之墙。

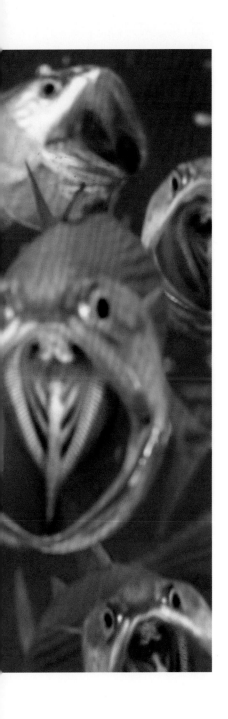

光下藏身

实际上，几乎所有靠自身推动前进的自游生物都是食肉的，包括像鲱鱼、沙丁鱼和凤尾鱼这些以浮游生物为食的鱼，它们往往成千上万地聚在一起。

鲸鲨长达 14 米，是海洋里最大的鱼。它们也只吃浮游生物。须鲸是通过鲸须来过滤海水的巨型鲸鱼，同样也只以浮游生物为食。但是大多数相互捕食的自游生物都会遵循最经典的食物链——大鱼吃小鱼，包括那些海洋中的急行军——金枪鱼和长嘴鱼，还有鲨鱼以及体形最大的、以自游生物为食的巨头鲸。

由于这些捕食者在游动时需要用到肌肉，这就意味着无法玩变透明的把戏。然而，它们中有许多采取了隐去身影的方法。从上面看，它们是深蓝色的；从下面看，它们则是银白色的，好像是从海面上投射下来的光线一样。许多鱼还有反射的银边，可以帮助它们在蓝色的海洋里隐身。鲭鱼甚至改进了这一方法，通过身上条纹状的纹路改变了身体的形状，以此迷惑捕食者。

大多数自游生物捕食者都有洞察秋毫的大眼睛，可是即使在最清澈的热带海洋上，能见度也非常低。然而，水传递振动的效果非常好。大多数的鱼都有可以感受到周围最细微动静和水压变化的侧线。侧线还能在捕食者来袭时保护大型鱼群。就像涉禽受到游隼攻击时一样，大型沙丁鱼群遇袭时也会聚拢成团，侧线对于它们同步动作很可能有帮助作用。

鲨鱼和鳐鱼则有另一套感官系统——这些器官（罗氏壶腹）有感知触觉、盐度和磁场等一系列功能，还能感知由肌肉运动产生的电信号，以及可能预示着猎物方位的水温变化。双髻鲨的锤形头部两侧各有一个壶腹，可以帮助其感应海床上微弱的磁场，让它们沿着磁路前进。

◀ **透明的银色鱼群。** 羽鳃鲏几乎是完全透明的，在红海十分多见，它们以滤食海水表面的微小浮游生物为生。反光的银色鳞片和两侧的条纹模糊了它们身体的轮廓。几千条羽鳃鲏聚在一起，以群体数量来保证自身安全。

远距离，低消耗

海洋中的顶级捕食者要做好长途捕猎的准备——一条被卫星标记过的金枪鱼仅用了 119 天就横跨了大西洋，平均每天游 65 千米。金枪鱼、旗鱼和鲨鱼有时一连几天都不进食，因此它们进化出了能尽可能减少水中阻力的鱼雷状的流线体形，以减少能量消耗。这些鱼大多没有鳞片，眼外有透明的眼皮。它们坚硬、狭窄的鱼鳍藏在身体两侧的细槽里。许多鱼的尾部有尾柄隆起骨，能有效左右身边水流的方向。长途旅行需要提供充足的动力，这些捕食者通常都长了一条又大又薄的后掠式鱼尾，可以用最小的力气产生最大的推力。它们的肌肉里富含肌红蛋白，用来储存它们所需的额外的氧气。

为了使肌肉保持温暖，这些鱼采用了一种逆流热交换系统：冰冷的静脉血平行于温暖的动脉血流动，这样血液在回到心脏的路上就能先预热了。蓝鳍金枪鱼的这套系统尤为高效，它可以使蓝鳍金枪鱼在水温低至 7 摄氏度的环境中保持 25 摄氏度的体温。因此蓝鳍金枪鱼可以远离其他金枪鱼生活的热带水域，到食物更为丰富的冷水中去捕食。剑鱼眼周有可以供暖的肌肉，能使其体温比周围水温高 4 摄氏度。视网膜在温暖的环境下处理信息的速度更快，因此剑鱼的反应速度很快，而且视力在深数百米、光线微弱的水域中更加敏锐，剑鱼就喜欢在这样的环境捕食。

遇快愈快

海洋里的顶级捕食者需要的不仅是耐力。当它们最终找到自己的猎物时，还要变身为短跑健将。它们要突然提速，一击制敌。众所周知，想要记录鱼的最快速度是一件非常困难的事情。最可靠的结果显示，黄鳍金枪鱼的最快速度可达到 75 千米每小时；卫矛是一种鱼雷状的金枪鱼，它的最高时速可达到 77 千米每小时；速度最快的海上捕食者——旗鱼，最高时速可达到 108 千米每小时。旗鱼往往都是独行侠，它可以保持 48 千米每小时以上的速度巡航。与马林鱼、剑鱼以及其他长嘴鱼一样，旗鱼的吻又尖又长，肌肉发达，身躯呈流线型。

▲ **一条也不放过。** 条纹四鳍旗鱼组成战队来围捕太平洋沙丁鱼。它们要依靠一次捕猎中战利品的数量来补充它们在快速攻击中所消耗的能量。当它们全力以赴展开攻击时，侧纹上闪烁的紫外光足以迷惑那些惊慌失措的小鱼，同时还可能起到警示同类、避免"撞车"的作用。

　　然而，旗鱼为了捕食小鱼也会进行团队协作。它们会通过快速开合背上的巨鳍把小鱼们吓成密集旋转的鱼团——饵球。一旦发现目标，旗鱼就会调整攻击方案以免伤到同类，它们一个接一个地疾速冲向惊恐的鱼群。急速转弯时，条纹四鳍旗鱼身上可以发出磷光的条纹会闪烁紫外光——这种光不仅能避免同类相撞，还可以迷惑猎物（因为许多鱼的眼睛都对紫外光非常敏感）。它们在饵球里横冲直撞，趁机吞下晕头转向的小鱼。

◀ **编队搜寻。** 一天傍晚，若干个长吻原海豚小队（一个群体）聚在一起，大概有几百只，前往远离岸边的水域捕食。它们的目标是虾、乌贼和灯笼鱼，这些猎物生活在深海，每到夜里才会到上层海域来进食。

▶ **（上图）旅行模式。** 长吻原海豚像企鹅一样，通过跃水——一种跃出与潜行游水交替进行的方式——来减少水的阻力，提高它们的前进速度。它们经常排成一队，用超声波对大海进行扫荡。

▶ **（下图）同步前进。** 长吻原海豚流线型的身体是专为速度而设计的。它们彼此之间一直通过鸣叫、回声定位和视觉提示保持联系并协调行动。

单兵作战还是群体协作

单兵作战，一旦成功就能独享硕果。可是在广阔无垠的海洋中，像金枪鱼一样共同搜索，能够更快地找到猎物。抱团可以使胜利来得更快一些。最典型的社会型捕食动物要数海豚。它们有一种先进的猎物探测器——高分辨率声呐回声定位系统。一群海豚可能有几百只，甚至上千只。它们跳出水面观察远处的猎物，并通过频繁的沟通来调整捕猎计划。

每到夜里，生活在夏威夷群岛附近的长吻原海豚就会离开它们位于近海岸浅水区、远离鲨鱼的栖息地，去海里捕食。它们最喜欢的猎物是虾、乌贼和灯笼鱼。这些猎物一般生活在深海，每当夜幕降临，才会向上层水域进发。觅食的海豚一般成对出没，20 只组成一队，上百只结成一群。利用回声定位，一群海豚可能结成长达 1 千米的队伍对海洋进行地毯式搜索。它们调整队形围成一圈，把猎物圈到一起。一旦猎物足够密集，包围圈上的海豚就会按顺序轮流成双上前进食。在此期间，它们会一直保持交流，保证所有的同伴都能分得一杯羹。

这些海豚的盛宴吸引了许多其他捕食者，比如金枪鱼和旗鱼。没错，金枪鱼会偷袭海豚。一旦海豚把鱼群赶到接近水面，塘鹅和海鸥等海鸟就会潜入水中分一杯羹。一场由海豚带来的饵球盛宴上，各路人马大显神通，这也可以算是自然界最令人惊叹的捕食奇观之一了。

▲ **个头最大的是赢家。** 大口一张，一头布氏鲸几乎吞掉了整个沙丁鱼饵球。

◀ **潜水攻击。** 海鸥从上空加入了海狮对太平洋沙丁鱼的攻击，金枪鱼也从下面展开了攻势，把鱼群逼到了水面。

◀ （第212~213页）**饕餮盛宴。** 海狮准备攻击一群旋涡状的沙丁鱼。令人惊讶的是，海狮没能吃到大部分猎物。银色的沙丁鱼群形成了一道有效的防线。只有当鲣鱼从下面攻击、海鸥从上面攻击的时候，沙丁鱼才会组成球状鱼群，这样更有利于海狮进攻。

结群保身

不仅捕食者知道团队合作的价值，许多猎物也看到了数量带来的优势。海里一半的鱼类会在幼年时期有规律地结群组队，1/4 的鱼类终生都会持续这种行为。其中，鲱鱼群的规模最大，可能是最大的单一种族动物集群。北大西洋一个鲱鱼群中的鲱鱼数量超过 30 亿条。

对于猎物来说，这样聚在一起能带来诸多好处。首先，即使是最小的鱼也是捕食者，当许多双眼睛聚在一起时，它们的觅食能力也会显著提高，同时能更好地发现靠近的捕食者。当鱼群遭到攻击的时候，协同行动可以迷惑捕食者，而且鱼群紧密地挤在一起，还能形成牢不可破的银色鱼墙。对于鱼群中的任何个体来说，绝对的数量优势可以降低被吃掉的风险。

海上空军

　　广阔的海洋中，无尽的觅食之旅不仅发生在海面下。波涛之上，天赋异禀的某些鸟类掠过海面搜索食物。你可能在南大洋上一连航行几百千米却什么都看不到，然后一只漂泊信天翁不知道从哪儿冒出来落到你的船上。即便是在波涛汹涌的广阔海洋上，这些白色大鸟的个头也是令人惊叹的。漂泊信天翁和皇家信天翁的翅膀是鸟类中最长的，展开后的双翼长度能达到 3.5 米。但最令人惊讶的还是它们尾随你飞行了一个时辰又一个时辰，却不用扇动一下它们那双巨大的翅膀。

　　信天翁的翅膀不仅长，而且很窄——长度是宽度的 15 倍之多，因此它们特别适合用两种节省能量的方式——动力滑翔和倾斜滑翔——来利用

▲ **助跑升空。**黑眉信天翁在吃完靠近海面的磷虾后准备起飞。它们的翅膀非常长，因此在起飞时要费些功夫，需要滑行很长一段距离才能使翅膀下方有充足的空气让身体升起来。

盛行风。动力滑翔依靠的是波涛汹涌的海面会减慢海面上空的风速这一事实，产生信天翁可以驾驭的斜度。首先，信天翁飞进风里，通过调整两翼的角度一路攀升，直到达到失速速度。然后它们就会转向，在身后的风的帮助下一路下降，顺风加速。通过这种方法，信天翁可以在不扇动翅膀的情况下飞行数千千米。

倾斜滑翔更加直接。横贯南大洋的翻天巨浪上方有能帮助信天翁攀升的上升气流。又长又窄的翅膀滑翔率非常高——信天翁每下降 1 米，就能前进 22 米。它的速度可达到 127 千米每小时，并且可以在几乎不扇动翅膀的情况下保持这样的时速飞行 8 个多小时。为了节省更多能量，信天翁有一块肌腱专门负责固定展开的双翼。

南大洋是地球上环境最恶劣的地区，波涛汹涌的海水将大量的营养物质带到了海面，因此某些水域的物产特别丰富。可是谁也无法预测这些物产富集区域的具体位置，因此，信天翁不得不比其他绝大多数的海鸟更努力，飞行很长一段距离来寻找猎物。卫星追踪的结果令人震惊。一只灰头信天翁离开它们在南大西洋上的南乔治亚岛外的栖息岛，环绕南极大陆连续飞行了 46 天。一只在克罗泽群岛筑巢的雄性漂泊信天翁为了给它正在孵蛋的伴侣寻找食物，飞行 10 000 千米，往返仅用了 14 天。研究者还监控了这只漂泊信天翁在这次史诗般的飞行中所消耗的能量。他们发现，与一动不动在巢里孵蛋的伴侣相比，飞行的信天翁消耗的能量仅相当于伴侣的两倍。看来，信天翁可以借助南大洋上无尽的海风来节省 80%~90% 的能量。

信天翁属于海燕科，它们都有一种管状的鼻孔，可以闻到一种（对于鸟儿来说）特别的气味。人们认为，在物产丰富的上升水流里，磷虾群和浮游生物会散发出一种气味，信天翁在很远的地方就能闻到。信天翁长长的翅膀无法深潜入水，但敏锐的嗅觉可以帮助它们找到浮在水面的食物。一旦落到水面，长翼的另一个缺点就暴露出来了，那就是起飞时需要更多的能量。但总体来讲，漂泊信天翁在搜索猎物时只需要花费两倍于休息时的能量。而相比之下，塘鹅令人惊叹的潜水技巧则需要消耗其在巢中休息所需能量的 6 倍之多。

信天翁善于御风，但同时也受风所御。在少数风平浪静的日子里，它们只能安静地待在海上。它们依赖强风。所有的 19 种信天翁中，除了 4 种以外，其余的都生活在南纬 40 多度到 50 多度波涛汹涌的海上。波纹信天翁是唯一生活在热带地区的信天翁，它们在加拉帕戈斯群岛繁衍后代。这种信天翁和其他 3 种生活在更北部地区的信天翁对风的依赖相对较小，因为它们生活的地方附近有更为稳定的食物来源，不需要飞到很远的地方去觅食。

▶ **海上漫游者。**一只漂泊信天翁利用南大西洋的上升气流，摇摇晃晃地乘风练习滑翔，不停地在水面寻找鱼、乌贼，还有水母。漂泊信天翁的觅食之旅可能长达数千千米，持续时间可能超过一个月。此外，信天翁也会吃其他鸟类吃剩的食物或是轮船上丢下的厨余垃圾。

◀ **猎人和海盗。**在墨西哥湾，一只军舰鸟在一群被旗鱼袭击过的沙丁鱼残军上空盘旋，这些沙丁鱼可能成为它们的美餐。一些沙丁鱼可能会被逼近水面，甚至跳出水面，这时，无法在海面上停留的军舰鸟就可以出手了。它们为了减轻飞翔负担而失去了防水油脂。但是军舰鸟主要以乌贼和飞鱼为食，这些鱼在受到海洋捕食者的威胁时会跳到空中。军舰鸟还会像海盗一样，攻击其他鸟类，迫使这些鸟丢下它们的食物。

海盗鸟和飞鱼

由于天气恶劣且多上升气流，清澈蔚蓝的热带海洋不像高纬度的海洋那样物产丰富。热带捕食者的猎物十分有限，在海里还很分散。然而，有种鸟类比其他的捕食者更能接受挑战，成了热带海洋中的信天翁。军舰鸟是海上的一道黑色剪影，它们的翅膀非常长，极具威胁。它们的翼负荷比（即翅膀面积与体重之比）是所有鸟类中最小的，它们为了减轻体重无所不用其极，甚至放弃了一种所有海鸟都需要、用来防水的特殊油脂。

信风在温暖的热带海洋上产生对流时，会形成微弱的上升热气流；军舰鸟必须非常轻，才能利用这种气流低消耗翱翔。因此，它们只能在赤道两侧的信风带生活。与信天翁相同，军舰鸟的肱骨能使翅膀长时间张开，并且不需要消耗太多能量。这些军舰鸟需要搭乘上升暖气流连续翱翔很长的距离，因为平均来讲，它们要飞行 105 千米才能有一次成功进食的机会。

军舰鸟会追踪气流中某些和海洋温度与流动相关联的特征。这些特征能指引军舰鸟来到海洋的洋流交汇处，那里浮游植物丰富且猎物密集。军舰鸟和其他捕食者之间有着非常密切的联系，比如说金枪鱼、海豚和剑鱼。由于在高空飞行视野很好，它们可以发现海面上其他捕食者捕猎时的一举一动。但是军舰鸟与其他海鸟不同，它们没有防水油脂，因此不能冒险在海面上停留。它们会偷取其他捕食者的猎物。军舰鸟是海洋上的战斗机，比其他海鸟都飞得快，迫使这些鸟交出它们抓到的战利品。

军舰鸟还有可能以飞鱼为食。凭借着 1 秒内可以拍打 70 次的强壮鱼尾，这些鱼雷状的鱼能飞出水面，躲避海里的捕食者。飞鱼有两片长长的胸鳍，像鸟类的翅膀一样，尾巴附近还有两片较小的尾鳍，如同双翼飞机一般。当重力将它们拖回水面时，拖在海里的长尾巴会为它们提供进一步的动力。飞鱼可以连续反复使用这种方法十几次，在几秒之内就可以前进几百米。但是，有少数不幸的家伙会在飞起的过程中被军舰鸟匆匆吞下。

深入黑暗

只要有动物敢离开有日光照射的温暖的海洋上层，潜入深海捕食，它们马上就会面临巨大的挑战。上层水域中只有 20% 的能量能到达距离海面 30 米以下的地方。哪怕是在最清澈的热带水域里，阳光也几乎无法穿透到水下 150 米处。而在这个深度，光合作用也无法进行。越往下走，氧气浓度越低；到海面下 500 米的地方，上层海水中制造的氧气已经被其他动物消耗殆尽。这里是大部分捕食者都无法跨越的一条分界线。同时，温度也急速下降，在海洋深处 1 000 米的地方通常只有 2 摄氏度。对于所有生物来说最严峻的挑战在于，每下潜 10 米就会增加 1 大气压（1 标准大气压 =101.325 千帕）。因此，500 米深的水下压强就已经是海水表面压强的 50 倍了。哪怕对于人类来说，深海探索都比太空旅行更困难。因此至今仍有许多的大洋深处未经人类探索。

然而，仍有少数无所畏惧的捕食者会冒险到深海捕食。大青鲨是一种冷水鲨，它们可以在温度低至 7 摄氏度的环境中生存。然而，即使它们可以下潜到至少 1 250 米深的水域里寻找乌贼，也只能在深海停留非常短的时间，之后便不得不回到海水上层取暖。

旗鱼是最擅长潜水的长嘴鱼。它们的眼睛大而敏锐，每只眼睛后面都有一块专门供暖的肌肉，保证它们能在深海正常生活。大多数海龟都生活在上层水域，可是棱皮龟却可以潜到 1 300 米的深处寻找水母。与其他海龟不同，棱皮龟的外壳十分坚韧，高压之下也不会破碎。

然而论起能破纪录的潜水捕食者，则非象海豹莫属。它们可以下潜到 1 500 米的深处，并在那里待上 2 小时。象海豹厚厚的脂肪可以助其保暖。虽然它们的肺在水深 40 米的地方就停止工作了，但它们体内富含富氧血。象海豹能把心率降低到 6 次每分钟。在这种蛰伏状态下，它们还有超过 1 小时的时间来搜寻深海乌贼。

▶ **深海潜水员。**一条大青鲨在上层水域中捕猎，那里有阳光照射，蔚蓝的海水可以帮它"隐身"。但捕食乌贼的时候，它们也能潜到海洋深处。由于无法适应冰冷的海水，大青鲨的潜水时间非常短，之后便不得不返回到上层温暖的水中，这也是加速消化所必需的条件。

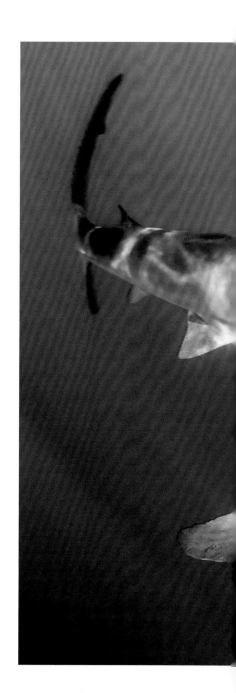

◀（**上图**）**端足目动物。**这种深海甲壳类动物外形与虾类似，有一双透明的大眼睛。在夜色的掩护下，它们克服了层层捕食者的挑战，来到有光的地方捕食更小型的浮游生物。

（**下图**）**太平洋章鱼。**这种章鱼透明的身体外覆盖着一层色素细胞（含有色素、可以反光的细胞）。它们可以迅速改变颜色以适应周围环境，或向其他章鱼发出信号。作为一个技术高超的捕食者，它们向前移动和向后移动的速度都非常快。

▶ **蝰鱼。**蝰鱼可伸缩的下颌和锋利的尖牙组成了一个陷阱，使猎物无处可逃——这都是为了适应深海环境，那里很少有猎物经过。蝰鱼背部的脊柱末端有发光器（在这里看不到），可以帮助其吸引猎物，腹部的生物发光器（可以发出光的器官）可以使蝰鱼在昏暗水域形成反荫蔽。

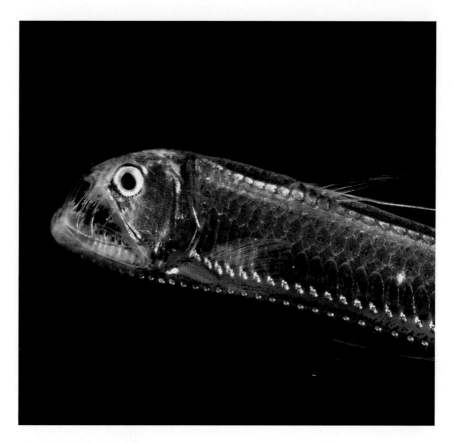

昏暗的中层带

在清澈的热带海水中，少量阳光可以穿透到海面下 1 000 米深的地方。这个昏暗的世界被称为中层带。这里生活的动物不会遇到坚硬的东西，因此不需要骨架。这使得许多生物可以通过变成透明来隐身。比如说，像虾一样的囊状端足目动物——透明的水母，它们两只透明的大眼睛可以在昏暗中视物。在中层带，即使是乌贼和章鱼这种构造更加复杂的动物也会变得透明。那些无法透明化的器官，比如有的海洋生物的眼睛，则会藏在一层银色的反射层之后。

这里的捕食者需要有非常敏锐的视力。许多鱼的眼睛都是管状的，用来观察上方的阴影。有几种虾和一种章鱼也有类似的生物设计。深海的相模帆乌贼有两只不同的眼睛——大的那只用来向上看，小的那只一直观察下面的情况。

中层带中的许多动物都会隐身，但是真正的魔术师非淡水胸斧鱼莫属。它们的个头比邮票大不了多少，只有纸张那么厚，两侧的银边反射效果非常好，可以像镜子一样反射出四周的情况。它们太薄了，身体下面几乎不会投射出阴影，这也是一种伪装。在它们狭窄的腹部有发光器可以调节自身的亮度，与上方投射下来的太阳光保持一致。阳光明媚的时候，发光器发出的光更强。而在天气昏暗的日子里，发光器发出的光则相对较弱。因此淡水胸斧鱼可以隐身在任何深度的海水里。

许多生活在中层带的动物都会使用发光器形成反荫蔽。可是有的捕食者可以识破这种伪装。它们带有黄色晶体的大眼睛能够区分生物器官发出的光和来自海面的阳光。

由于很少有碎屑掉落，中层带的食物十分匮乏。比起浪费宝贵的能量，一些捕食者选择守株待兔，坐等猎物送上门来。例如：海蜘蛛捕食桡足类时，就是通过伸出长毛的长腿，在水中滑翔，筛出小动物；细长的带鱼挺挺地立在水中，猎物送上门来时，就用又尖又长的吻和锋利的牙齿抓住它；线口鳗又瘦又长，吻似鸟喙，头和尾向不同方向弯曲，身上长满了用来捕虾的小钩状的牙齿，它们在游动的同时过滤水中的猎物。

然而，中层带里食物匮乏，无法满足众多捕食者的需求。每天夜里，都会有数百万吨的捕食者和它们的猎物来到上层营养更丰富的海水中，这是地球上最大规模的捕食者集体迁徙了。许多动物都参与其中，但是绝大多数还是鱼类——灯笼鱼（世界上数量最多的脊椎动物）。这种鱼只有5~15厘米长，它们是肌肉发达的游泳健将。与许多生活在中层带的鱼不同，它们有鱼鳔，可以根据要下潜到的不同深度调整浮力。

不同动物垂直迁移的高度有所不同。微小的浮游生物可能只能上升10米，而由于周身覆盖着发光器官而得名的灯笼鱼，则会用3个多小时的时间从1 700米的深处跋涉至海面下100米的地方。在夜色的掩护下，这些

▶（上图）线口鳗。这是一种来自中层带的无鳞鱼。它的背部有很多椎骨（至少有600块），比任何已知的动物都要多。有的线口鳗长度甚至可以达到1.3米。线口鳗以小型甲壳纲动物为食，它们游动的时候像蛇一样，张着嘴巴，用向后倒长的牙齿绊住猎物。

（下图）灯笼鱼。一条8厘米长的灯笼鱼，即蛇鼻鱼，长着会发光的发光器官（成对的发光细胞）。这种光可以通过模糊自身的轮廓来迷惑捕食者，也可以用于鱼群之间的交流。深夜里，灯笼鱼会从中层带向上迁徙，来到水面处进食；同时，它们也成了其他捕食者的食物。

生活在中层带的小型捕食者可以避开上层水域中大型竞争者的视线。在黎明到来之前，它们会再次回到相对安全的中层带。

黑暗深处

在海平面 1 000 米以下的大洋深处，海洋条件对于捕食者来说更为严苛。这里的水压是海面的 100 多倍，水温保持在 2 摄氏度左右，海面上的光线也无法照射到这里。这里就是广袤的深层带，占到了地球上水体总量的 3/4 以上。海洋表层制造的能量中只有 5% 能到达深层带。对于这里的捕食者来说，距离和水压的差距使得它们不可能游到营养更加丰富的海洋表面，它们已经适应了这个食物严重缺乏的海底世界。这些深海捕食者同样也是地球上最奇异的生物。

没有比鮟鱇更怪的科目了。光是它们的名字，比如黑魔鬼鮟鱇和密棘角鮟鱇，就能给你一些暗示。大多数鮟鱇鱼都特别小，只有几厘米长，这纯粹是因为食物匮乏，无法满足更大的生物的需求。它们通体都是黑色，在海底的无光世界里，这是一种完美的伪装。其他生物都是暗红色，因为蓝色的海水可以吸收上面来的红光。暗红色实际上是另一种黑色。由于不会碰到坚硬的东西，鮟鱇鱼的骨架脆弱，肌肉松弛。它们的眼睛也非常小，反正在一片黑暗之中也看不到什么了。

但是鮟鱇鱼对于微小的震动十分敏感。多丝茎角鮟鱇全身长满了敏感的触须。这种"黑暗中的监听站"看起来像是一个巨大的长毛沙滩球。所有鮟鱇鱼都有可以高度扩张的胃和长着獠牙的大嘴巴。猎物很少到这里，因此它们必须抓住一切大小的食物。宽咽鱼将这种守株待兔的捕食策略发挥到了极致。它们的身体完全是由一张嘴和可以大幅度伸长的咽喉构成的。它们在水中垂直悬立，等着猎物送入它们口中那张巨大的伞膜里。它们甚至可以吞掉比自己更大的猎物。

鮟鱇鱼因利用生物性发光诱捕猎物而得名。超过 90% 的深海动物都会发光捕食。这些深海生物在一种叫荧光素酶的催化酶作用下，通过消耗一种被称为荧光素的基质而发光。在鮟鱇鱼头部有一个小洞，里面装满了作

小齿龙鱼。图中可见它眼下的发光器。这种鱼也有一根长长的"钓竿"（即触须），从它们的下巴处垂下来，触须尾端是闪着蓝光的诱饵。大多数深海鱼可以看到并发出蓝光，但是这种龙鱼还能看到红光。它们那红色的发光器可以在猎物身上投射出一种（大多数深海动物）看不到的红光。

▶（上图）管水母。大西洋里的小型深海管水母具有生物发光性。和其他管水母一样，它们是由独立个体组成的生物群落，每个个体都有一种特殊功能，组合起来成为复杂的整体。

（下图）绿叶水母。这是一种生活在海底 7 000 米深处的大型水母（伞钟高达 35 厘米）。它们在夜晚会到上层水域，通过触须上的刺细胞来捕食浮游生物（比如右上角的桡足动物）。它们的身体是红色的，在海洋深处不可见。但是它们身体的上下部可以发出一种蓝色的生物荧光，以此来吓退捕食者。

为诱饵的共生细菌，这些细菌可以帮助它们的寄主实现生物发光。因为在一片漆黑的深海里，很少有光线。鮟鱇鱼闪光的诱饵非常容易被发现。好奇的猎物一靠近，就会被吃掉。

"钓竿"的种类非常丰富。一些鮟鱇鱼的"钓竿"是它们自身长度的3~4倍。许多鱼的下巴上还长着发光的触须，这些分叉的细丝就像是奇异的圣诞节装饰。

其他运用生物性发光的捕食者还有深海龙鱼，这是一种小型的深海鱼类，身体瘦长，头上长满了锋利的尖牙，下巴下面有各式各样的发光触须。一条15厘米长的龙鱼，它的下巴甚至可能挂着2米多长的触须。至于被吸引来的猎物是如何被很远处的嘴吞下的，这至今还是一个谜，没有人见到过这一切究竟是如何发生的。

深海龙鱼还有一件武器。在它们的眼睛后面有一个像探照灯一样的发光器。与大多数的深海捕食者一样，它们肌肉发达，随时准备着追击猎物，

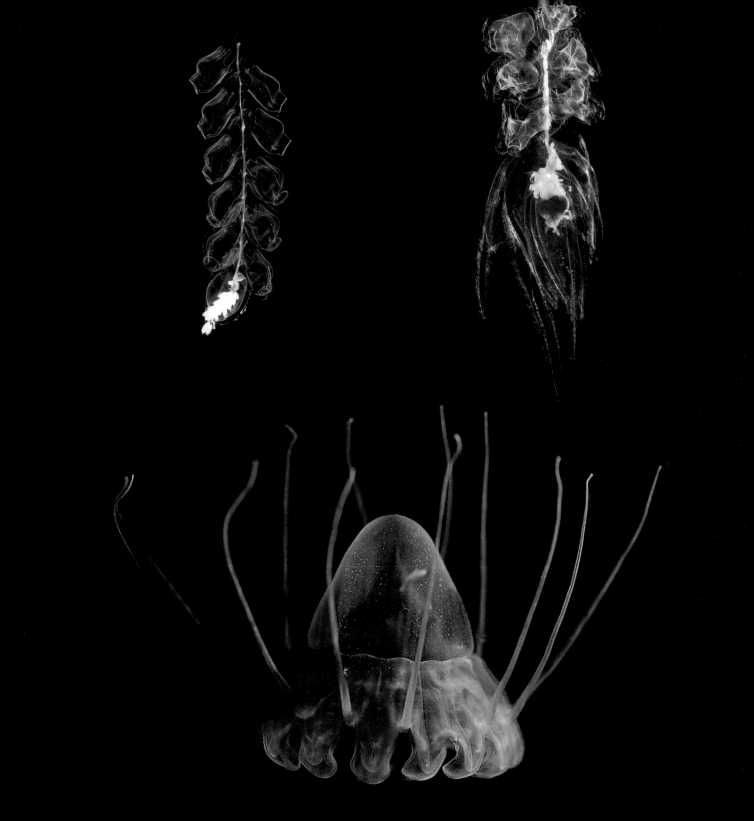

◀（上图）纤细的旅行者。一头25米长的蓝鲸在寻找磷虾。磷虾的群落可能很分散，因此蓝鲸必须不断前进。它们甚至有可能无法在繁殖区域内繁衍，而只能在行进过程中生产。流线型的身体对于节省能量和长途旅行来说十分有用，巨大的尾巴为它们提供了强有力的推动力。

◀（下图）规模提高效率。蓝鲸潜入水中，在磷虾群的残军中高速穿梭，它张开了像手风琴一样的"喉袋"，吞下的磷虾和海水比自己的体积还要大。海水通过蓝鲸口中悬挂着的像毛发一样的鲸须排出，同时，磷虾被过滤出来。尽管蓝鲸要游很长一段距离才能找到足够大的磷虾群，而且穿梭进食需要消耗大量的能量，但这种捕食方法非常高效，可以为蓝鲸补充90%的能量，支撑它们巨大的体形。

其中的巨口鱼科更厉害。它们眼睛后面的发光器可以发出红光，而不是普通的蓝光。由于没有红光能穿透到这么深的海底，大部分动物都看不见红光，这为深海龙鱼秘密觅食提供了非常便利的条件。

最大的捕食者

地球上已知的最大捕食者是蓝鲸，重达175吨。和其他巨型鲸类一样，蓝鲸也善于长途奔袭，不断地在大海里寻找自己所需的大量食物。许多巨鲸会在极地夏天的时候前往更高纬度的海域捕食，那时几乎持续不断的日照长昼使南极洲和北冰洋变成了最丰饶的海域。每年夏天，南极半岛海湾的宁静就会被上百头座头鲸打破。可是，到了冬天海面结冰以后，这些鲸又会回到温暖的海域去繁衍后代。它们向赤道方向洄游的距离可能长达8 000千米。当座头鲸抵达目的地的时候，贫乏的热带海水中的食物已经所剩无几了。

这些体形巨大、长途跋涉的海洋捕食者需要近乎完美的流线型身体来减少水的阻力。蓝鲸可能是世界上拥有最完美的流线型躯干的动物，相对纤细的身躯，长度接近30米。它们巨大的尾巴可以有效提供90%的推进力，比最好的轮船螺旋桨还要高效。它们短途冲刺时速度可以达到50千米每小时。座头鲸约18米长，身体的流线型不像蓝鲸那么完美，体形也比较短胖。但是它们拥有所有鲸类中最大的胸鳍，长达5米。因此座头鲸得以实现它们久负盛名的跃水。它们的胸鳍的前缘嵌着被称为结节的小包，可以改变胸鳍上方的水流方向，为其增加上升的力。

蓝鲸、座头鲸以及许多巨型鲸类最喜欢的食物都是磷虾。如果地球上最大的生物要依靠这种小型猎物为生，那么数目必须足够多才行。蓝鲸只吃磷虾，一头蓝鲸一天就可以吃掉4 000万只磷虾。幸运的是，尽管须鲸如此大量地吞食磷虾，磷虾依旧是海洋里数量最多的生物。虽然统计数据或多或少有些差别，但一般认为仅在南大洋中就有5亿多吨磷虾。然而即使这样，在广阔无垠的大洋里寻找磷虾仍然是一件十分困难的事情。没有人知道蓝鲸是怎样找到磷虾群的。蓝鲸似乎并不使用回声定位功能，尽管雄性在行进过程中似乎时有交流，但它们在捕食的时候通常都十分安静。

对于这种沉默，一种可能的解释是为了听猎物的动静。确实，甲壳动物是出了名的聒噪，一大群虾那简直就是炸了锅。

即使鲸群发现了一大群磷虾，也未必会吃掉它们。蓝鲸和其他须鲸进化出了一种特殊的捕猎方式，叫冲刺式鲸吞。它们有宽松的铰接式颌部，喉咙处的褶皱可以充分扩张，使它们的口腔能张得特别大。因此它们仅凭口腔的一次开合，就能吃掉整群磷虾。 只有从空中，你才能真正

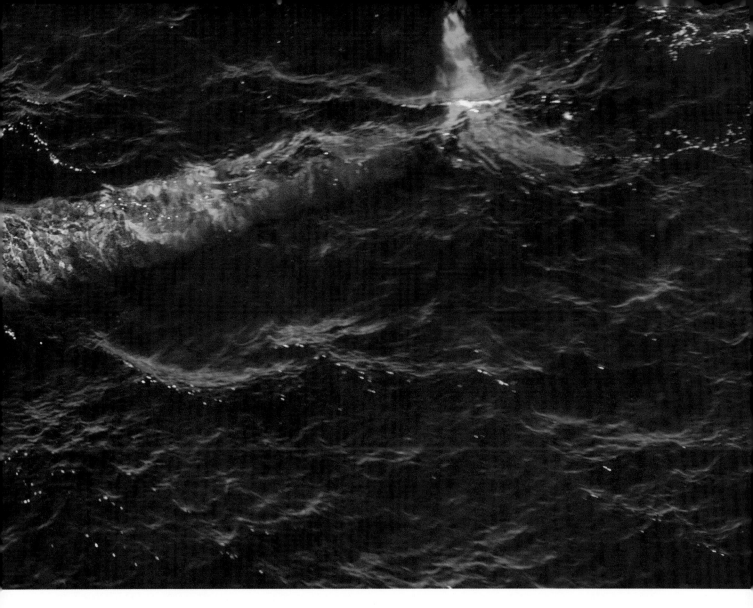

▲ **最深的一次呼吸。** 在水中完成了长达 10 分钟的冲刺式进食后，这头蓝鲸松了一口气。它呼出的气体有 6 米高。蓝鲸在高消耗的潜泳时很快会用光所有的氧气，所以它们最多只能在水下潜 15 分钟左右。

观察到蓝鲸整个外形上的变化。蓝鲸平时细长优美的身躯如今前面鼓了一个巨大的包，里面装满了数百升的海水与磷虾。一旦时机成熟，蓝鲸喉咙处的褶皱就会张开，用鲸须筛出磷虾，把海水重新注回到海里。对于一头鲸来说，这样一次冲刺式鲸吞需要消耗大量的能量，因此它们会放过那些不够密集的虾群，只为盛宴驻足。这一地球上最大的捕食者可是个挑剔的食客。

第 7 章
与捕食者同行

"真是不可思议的 45 分钟——我们的肾上腺素都快不够用了！"制片人艾伦·侯赛因回忆起虎鲸袭击座头鲸妈妈和幼崽的画面时如是说，"随后我想到……哇哦！还没有人见过这种量级的对决呢，得赶紧拍下来。"

"仅 10 分钟后，我们就拍到了蓝鲸的必杀技。"系列片制作人休·科尔代说道，他从空中拍到了猎豹捕猎的全过程——"这是我 20 年的摄像生涯中遇到的最幸运的事。""这是我整个职业生涯中最不可思议的经历。"制作人休·皮尔森这样描述被巨型喷气式飞机般大小的蓝鲸包围时的感受。

返回的工作人员一次又一次地为我们带回最新消息，包括动物的新行为以及他们自己的新见解和新体验。你可以说制作团队幸运得令人难以置信。但这也正是因为这样一个正确的团队在正确的时间出现在了正确的地点。

▶ **史上最大拍摄场面。**摄像师大卫·赖克特在加利福尼亚海域拍到了地球上最大的生物——蓝鲸含着满嘴磷虾游过的画面。

◀（第 236~237 页）**观察北极熊。**北极熊摄制组离开斯瓦尔巴群岛海岸，寻找那些在逐渐消融的冰块间穿行且意欲捕猎的北极熊。

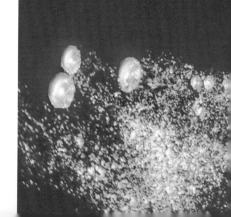

　　"都写在标题里了。"纪录片《猎捕》的执行制片人阿拉斯泰尔·福瑟吉尔（《蓝色星球》和《冰冻星球》等最令人难忘的野生生物纪录片的制作人）说，"这部纪录片并非关于杀戮，而是关于猎捕——描述了动物们在捕猎过程中施展的策略和付出的努力，失败与成功的概率相差无几。"

　　拍摄最震撼的故事需要承担一定的风险，还要下定决心以能建立情感共鸣的方式去拍摄，让人有身临其境之感——仿佛与动物共同行动，再通过剪辑来毫无保留地将捕猎策略呈现出来。

摄像机视角

　　拍摄捕猎策略的最重要的工具之一就是摄像机——陀螺仪稳定式高清摄像机，它能够平稳地连续拍摄。但使用摄像机拍摄野生动物时，摄像师不仅需要兼备智慧与创造力，专业知识也不能少。杰米·麦克弗森是一位摄像师，他负责设计不同的装置来操控安装在船上、吉普车上，甚至包括大象身上的大型精密摄像机，以一种全新的视角和不同的风格呈现动物的生活，并展现出固定在三脚架上的普通摄像机捕捉不到的行为。

　　这样做的目的只有一个，就是让所有画面的质量都能媲美电影水准——"达到福瑟吉尔要求的标准，"杰米说，"我不希望观众注意到拍摄

◀ **拍摄老虎。** 杰米·麦克弗森（见第 245 页）坐直升机飞往印度班达伽国家公园的森林，寻找雌虎和它的 4 只幼崽。深入森林后，他可以飞上几小时追踪老虎。

的痕迹，而是希望他们能沉浸在每一帧的画面里。"让观众仿佛身临其境般与野狗群一同狂奔，与北极熊一起畅游，与长吻原海豚相互竞赛。

拍摄正在捕猎的非洲野狗时所开的越野车必须经过特殊加固，安上脚手架，在脚手架的一侧固定一个吊臂，再加上避震器，用来放好莱坞式的摄像机——它能在汽车极度颠簸、车速达到 65 千米每小时，且与野狗群并行的情况下平稳拍摄；还需要选定一片没有白蚁丘和土豚洞穴（撞上的话，有可能机车俱毁）的区域（这里是指赞比亚的偏远地区）拍摄；此外，还需要一名车技高超的司机。

"这群野狗的速度太疯狂了。"杰米说。尽管刚开始它们只是小跑，一旦确定目标，它们就会立马提速。"它们高速奔跑时我们会随行 10~20 分钟，实时拍摄。"

"那些镜头简直太不可思议了，看上去就像野狗群受过训练一般，跟着车一路狂奔。"纪录片摄像师休·科尔代如是说。

▲ **共同作战。** 2 只非洲野狗和 11 只同伴一起加速追击角马。尽管路面崎岖不平，但使用固定在加了缓冲垫的吊臂上的稳定式摄像机，杰米依然能够随行拍摄。于野狗而言，速度过快的最大危险就是断腿。

▶ **无处藏身。** 近傍晚时，从直升机上俯瞰，角马、野狗、跟拍吉普车都被尽收眼底。不出意外的话，早上 9 点到下午 4 点，野狗群会出现在某个水坑旁，它们吃饱后便会去水坑处饮水、休息，等待气温降低，直到新一轮的捕猎开始。夜间摄制组便会追踪它们直至天明可以正常拍摄之时。

空中视角

与此同时，空中摄制组也用摄像机和超长焦镜头记录下了整个猎捕过程，这不仅是对地面拍摄的补充，还呈现了野狗群是如何冲散一群角马、挑选出目标的过程。休说，之所以能有逻辑地呈现野狗的捕猎策略，是因为只有在俯拍时，你才会了解二者的差距在哪里，实际情况是怎样的，才能看清它们的耐力与速度。

直升机给摄制组带来了不同于地面的挑战，包括如何在风的猛烈冲击下保持平稳，将拍摄对象框在镜头里。当你用三脚架上的普通摄像机拍摄时，"你要与其融为一体，"杰米说，"右眼透过镜头观察，再加上左眼，便能将一切尽收眼底。"可使用摄像机拍摄时，"就像在查看监视器，虽说只有细微的延迟，但聚焦很不方便。尤其是在高空中控制它的时候，要利用控制杆，而非直接用双手摇摄和倾斜摄像机。与此同时，你还要指挥直升机——调整高度或位置，不仅仅是简单地左右转向，或者还要通过耳机和制片人交谈。所以你必须全神贯注。'哇哦！'制片人盯着监视器，他会在你拉近镜头拍摄狂奔的动物时，发出一声感叹。"

在冻原地带拍摄北极狼追捕以"之"字形狂奔的北极兔时，开着四轮沙滩车的摄像师马克·史密斯根本跟不上，更无法在地面采取更多行动。但这并不耽误空中的杰米拍摄，他一次就可拍到猎捕的全过程。

当然，最终版本如此精美还是因为底片拥有超高清晰度——这是以电影画质为标准拍摄的，有时甚至达到了 3D 大片的水平。当你用摄像机的一个镜头拍下整个狼群追逐麝牛群的画面时，那才真是电影大片的既视感。

追踪老虎

对于追踪老虎捕猎过程的拍摄来说，要求是完全不同的：拍摄过程中要以水平视线的高度缓慢地跟踪。但在印度班达迦国家公园，越野行驶是被明令禁止的，就算只是下车摆个三脚架也不行。你可以在车上安三脚架，但那样就无法拍摄低处的画面，或者 360 度旋转摄像机。因此杰米还是得准备一组特制长架和一个吊臂，好让摄像机可以在各个高度平稳地拍摄潜

▲ **地面行动。**赞比亚摄制组在等待野狗群醒来。直升机的费用过于昂贵，因此他们无法每天拍摄，这是个棘手的问题。从左至右分别是：摄像师杰米·麦克弗森、飞行员弗兰克·莫尔迪诺、制片人休·科尔代、野外协助员罗宾·丁布尔比和助理制片人曼迪·斯塔克。

行的老虎，且能转动至任一角度，还能越过司机头顶伸至另一边。为了拍到森林里的真实场景，制片人约翰尼·休斯想到一个好主意，他制作了一个带绞盘的特制铝架。有了它，杰米就能像 65 岁的大象哥谭一样追踪老虎了，哥谭不仅十分适应这套装置，面对老虎时也是泰然自若。

　　对于坐在吉普车上穿梭于浓密森林里拍摄，制片人约翰尼·休斯这样说道："很多时候，以我们的视线高度是看不到老虎的，但杰米可以，他站着通过摄像机观察四周，告诉我们要直行或转换方向，否则我们没办法

跟踪老虎，而当你与之并肩而行时，拍出的镜头美到无以复加。"

第 7 周时，摄制组终于得到了奖励——他们史上首次完整地拍摄到了老虎的捕猎过程。"我们跟着它走，心里明白能目睹它捕猎的机会微乎其微。"杰米说，"它的前方有两只白斑雄鹿，正往相反的方向走。当它消失在灌木丛里时，我赌了一把，将镜头对准其中一只吃草的雄鹿……突然间，老虎从灌木丛中一跃而起，像橄榄球运动员一般，直接把雄鹿撞翻在地。过程中没有挣扎，不像狮子捕杀角马时还会争斗一番。老虎咬死雄鹿再将其拖至树后，这一切不过 30 秒的时间。"

"我没有看到，"约翰尼说，"当时我正弯腰把吊臂调至半空中，杰米盯着屏幕，我光听见他一个劲儿地激动了。等老虎躲到一棵树后头，我们就把摄像机架到大象身上，记录剩下的部分。在森林中拍摄如此高水准的一次猎捕是前所未有的，而且用两台摄像机同时拍摄的想法也妙极了。"

◀ **巨型"交通工具"。** 雄象哥谭耐心等待，杰米则检查摄像机确保其正常运作。这台摄像机是用吉普车运过来的，用于深入森林追踪老虎家族。专门定制的铝架使其能够轻松吊起或降到与老虎平行的高度，摄像机的拍摄角度也能由一根操纵杆调节控制。拍摄时，老虎对哥谭毫不设防，这便有了拍摄特写镜头的机会。

▶ **最后的冲刺。** 这只 18 个月大的雌性虎崽盯上一只白斑鹿，从灌木丛中一跃而起，但最终没能捉到猎物（照片取自固定在哥谭身上的摄像机所拍摄的片段）。这只虎崽是 3 只虎崽中最爱冒险的一只，它从妈妈那里迅速学会了捕猎技巧。

水上追捕游戏

    在船上，即便是大型船上，也会弄出很多动静，因此想要以电影慢镜头般的速度尾随迁徙的海豚或者在水中跟踪海豹的北极熊，是很难如愿的。而且你在选定一只北极熊后，也不能扛着三脚架就站到冰面上去——否则不仅干扰了北极熊的捕猎行为，也有许多重大的安全隐患。因此陀螺仪稳定式摄像机再一次派上用场——这是唯一能以低角度镜头将北极熊在

▼ **融化的风景。** 乘着小船记录下北极熊猎捕海豹的过程后，杰米和制片人约翰尼·休斯，还有向导哈瓦德·费斯托站在冰上拍下了这快速融化的白色背景。

浮冰迷宫中的捕猎技巧展现得淋漓尽致的方法。解决方案就是将摄像机固定于能在一艘金属小艇上保持平衡的起重臂上，金属小艇很轻便，能够迅速下放至水中。接下来你就得在广阔的海面上寻找一只捕猎的北极熊。"在浮冰之间，它的头就像一只小白鸭。"杰米说，"如果你够幸运，能碰上一只正在追踪猎物的北极熊，你还要祈祷它饥饿难耐。"——此外，还要保持距离。摄制组开着小船在碎冰间穿行，尾随几只北极熊，每一只北极

▲ **寻找北极熊。**在水平如镜的海面上，关掉发动机，让小船漂荡着，摄制组在寻找海豹和游泳的北极熊。他们在接近前方冰川的浮冰间发现了二者。杰米负责拍摄，野外协助员安迪·贝德维尔控制着吊臂，可将摄像机降低至接近水平面处拍摄。站在一旁的是外景制片主任杰森·罗伯茨，他也是北极熊专家。

◀ **瘦里兹在行动。**被摄制组称为"瘦里兹"的雌性北极熊迫切地想要捉到海豹，它朝着可能的猎物游去。靠得越近，它下水也就越深，只留脑袋在水面上，几乎静止地在浮冰间游动。

熊都在找寻目标海豹。北极熊能够悄无声息地游泳，不激起水花，还能在估计海豹的准确位置时一动不动地藏身于浮冰之下，"然后潜至距海面约 6 米处，再一鼓作气冲上冰面"。然而每一次都让海豹逃之夭夭。两周过后，摄制组终于拍到一次成功的猎捕。海面水平如镜，光线恰到好处，小船一路追随北极熊的身影。"我们以为海豹逃脱了，可显然北极熊在水下追上了它，随后用嘴叼着它冒出了水面——这画面太奇妙了。"

特制的起重臂让摄制组能够在许多特殊的海洋环境中顺利拍摄，不论是在船上追踪带着幼崽的座头鲸妈妈拼命摆脱虎鲸的追击这样活力四射的顶级画面，还是在大海上与信天翁同行，或拍下一群军舰鸟掠过海面，直冲向高空。

低至尘埃

技术的突飞猛进使得摄像机不断更新换代，不断拍出更清晰的画面。但需要何种技术、技术又该如何利用，依然由拍摄视角决定。拍摄雨林里的顶级捕食者就要求新颖的视角——在表现大场面的同时还要实时呈现出发生的每个细节。

此时最新型的 4K 迷你摄像机就派上用场了，它最初的设计是为了拍摄工程工艺，随后改进用以安装一些特殊镜头，比如将一种新型显微镜头安到云台上，再制作一个 3 米长的吊臂，就能发明出一种可以控制摄像机从远处聚焦的设备。

拍摄选取的地点位于厄瓜多尔的亚马孙河上游，距营地 1 000 米远——这已经是每天摄像师们能把所有设备运输到的最远距离了。捕食者的踪迹很明显。第一天他们就找到了地方——这一"巨大生物"的大本营。第二天，他们安装好设备准备拍摄行军蚁，镜头深入这片处女地，摆在蚁穴前方。摄像师阿拉斯泰尔·麦克尤恩负责操作云台，制片人约翰尼·休斯负责调节吊臂，卢克·巴内特则负责对准焦距。他们守在蚁群前方开始拍摄，"头部军队有 7 米长，"约翰尼说，"庞大的黑色行军蚁群让灌木丛里的一切生物闻风丧胆。当它们全体出动时，你会见识到一层落叶下掩盖了多少蚂蚁……就连蟒蛇和美洲豹也害怕行军蚁。"

摄制组的成员站着不动，橡胶靴上缠满胶带，防止蚂蚁往更高处爬，他们避开了攻击，蚁群汇聚在他们周围。有了吊臂，他们就可以操控摄像机在蚁群上空迅速来回移动，聚焦蚁群中正在发生的任何事，比如被肢解的蟋蟀（见第 81 页，图 1），或者回顾"蚂蚁三角洲"的全景——这依靠三脚架根本无法实现，因为摄像机需要随着蚁群一起跑动或者架在蚁群中间。

另一种专业摄像机可以清楚地拍到单只蚂蚁，还能将发生的事一清二楚地慢速呈现出来，并能让人目测出蚁群移动得究竟有多快。"最初我们每秒只能拍 60 帧，但画面模糊不清，"约翰尼说，"后来增加到每秒 90 帧、120 帧。神奇的是，那时你可以看清楚蚁群在纠结该往哪个方向走，它们背着重于自身体重的食物的同时还要防止队友跑向相反方向的画面。"

▶ **拍摄行军蚁。** 摄像师阿拉斯泰尔·麦克尤恩正微距拍摄行军蚁，制片人约翰尼·休斯和研究员伊拉莉亚·马利勒则用 LED 灯照亮这群小家伙。在用广角镜头拍摄行进的军团时，摄制组可以利用特制的吊臂和布线在远处控制摄像机。但要拍摄其中一名"士兵"的近景，唯一的办法是让阿拉斯泰尔跪在蚁群经过的路上，承受被咬的折磨——且远不止一下。

潜入蔚蓝深海

　　鱼竿式摄像机的开发和完善花费了一年时间。这涉及为性能最新、体积最小的超高清摄像机设计合适的水下防护罩，且能被固定在船上，通过缆线将其与监视器连接，让甲板上的人能直接操控。摄像师道格·安德森利用监视器来定焦和变焦。这是一项时间投资，并已取得回报。没有它，摄制组就没法在广阔海域，有时从不同的高度，捕捉到近乎完美的、在船侧以高速游行的长吻原海豚群的镜头。当然了，专家得先在一片广阔海域

▼　**猎捕盛会**。一眼望去，2 000只甚至更多长吻原海豚在邻近哥斯达黎加的太平洋里捕捉灯笼鱼。这一幕由架在船上的鱼竿式摄影机拍摄到。摄像师道格·安德森和制片人休·皮尔森身穿潜水装备，垂挂在小船一侧，跟着快速游动的长吻原海豚群一路追踪拍摄，在一片刺耳的杂音中他们显得愈发全神贯注。

上定位，看哪一处有可能拍摄到这样的画面。这一幕是在离哥斯达黎加海域 65 千米处拍摄到的。幸运的是海水清澈，而且海面难得的风平浪静。离海豚足够近也是拍摄的重要条件。于是制片人休·皮尔森身穿潜水装备，身上绑着从船体一侧放下的绳子，循着海豚的声音，被船拉着向前游。

声音成功地引起了其他海豚的好奇心，休说，结果就像"身处一个鲸类动物军营，周围充斥着歌咏声、嗡嗡声、吮吸声、交尾声和杂耍声"。"沉浸于海豚的世界，一个你无法从海面看到的世界，就像置身于一个疯狂派对中。"

▲ **夜间相遇。**这张于夜间拍摄的照片记录下了花豹与斑鬣狗狭路相逢的画面，斑鬣狗对于花豹抓到的所有猎物来说都是个潜在威胁。马特·埃伯哈德在一辆车上用红外摄像机拍摄，助理制片人曼迪·斯塔克则从另一辆车上操控巨型照明板——这并不容易，而且不是每次都能成功。

◀ **夜间行动开始。**这只 12 岁大的雌性花豹离开白天休息的大树，开始夜晚的捕猎行动。它同样也在白天捕猎，那组照片是摄制组拍到的最令人惊叹的镜头之一。

灯光与花豹

在赞比亚的南卢旺瓜，拍摄夜间猎捕的花豹本应很简单。那是个干旱的季节，且酷热无比，但在夜晚拍摄会凉快许多。当然了，花豹常常在夜间捕猎。团队决定使用红外线摄像机而非热成像设备，尽管后者可以打出更生动更有美感的灯光，但那需要再来一辆车专门打光，而且不能开车头灯，摄像师和灯光师之间也不能交流。负责控制巨大的红外线 LED 设备的助理制片人曼迪·斯塔克说："我们在外面待了 13 小时，却仿佛只用了短短 2 小时，真是太不可思议了……我从未见过这么多双眼睛在黑暗中闪烁……整晚听着四周发生的事，感觉非常奇妙。"那是第 1 周。等到第 4 周，拍摄已经变成"巨大的挑战"。

路面乱石丛生，布满动物的脚印，黑暗意味着危险，摄制组每晚只能颠簸前行，而且总有轮胎被刺穿的情况发生。他们戴着特制的声控耳机，这样摄像师马特·埃伯哈德就可以在拍摄的同时告诉曼迪什么时候朝哪里打光（12 个 LED 嵌板，占了 3/4 的面积）。但特制耳机不起作用。灯光设备面积太大，她被挡在后面就什么都看不见了。小型红外线摄像机原本应起到引导作用，但也失灵了，而且照明设备一开启，司机便看不清路。到最后他们只好通过司机相互交流，而司机的母语不是英语——"所做的一切都是为了不干扰花豹或猎物"。

　　最后拍摄到的是一只拥有一片开放领地的 12 岁的花豹，它似乎不介意被跟踪，因此又安排了一队摄制组在白天跟踪它的行迹。结果表明它更喜欢在白天捕猎，可能因为在这极端炎热的天气下，狮子和鬣狗偷取它的猎物的成功率会大大下降。马特和曼迪成功拍摄到的猎捕画面中，有一幕是花豹在月光下潜行，虽然它失败了，但却让他们过目难忘。

　　"它在我右侧，就在车子旁边，我给它打光，"曼迪说，"很长时间它都保持静止不动，专注地盯着。黑斑羚就在 50 米开外，吃着草。这一次我得以借着月光看到它的举动，它的耳朵不时抖动，缓慢爬行，悄无声息地接近它们。我激动地期盼着……直到有黑斑羚看到或嗅到它的气息，警告同伴，猎捕行动无疾而终。它也只是挺起身子，迈步离开。"

▲ **寻找花豹日间行动。** 曼迪和休在寻找他们的主角时，杰米坐在车后座，透过取景器选择角度，而司机托马斯则耐心等待。为了呈现猎手的视角，摄像机的高度被调整至与一只花豹的头部高度持平。

▲ **花豹的日间捕猎行动。**花豹借助深沟的遮蔽悄无声息地前行，寻找在深沟边缘地带吃草的猎物，以便伏击。这项策略很成功，摄制组不止一次拍摄到捕食的场面。

日间摄制组成员休和杰米利用固定在吊臂上的摄像机以离地面不到半米的高度追踪同一只花豹。白天时，它的策略是利用深沟掩护，跟踪在深沟周遭吃草的瓦氏赤羚和黑斑羚。"看它沿着角落匍匐爬行是一种享受，"休说，"它必须极其小心，以免被雄性瓦氏赤羚发现，因为后者会警告同伴。还要提防黄狒狒，如果一只狒狒经过深沟，花豹会转身逃跑，躲在某个角落直到狒狒跑远。"最终，它顺利穿过赤羚群和狒狒群，扳倒一只黑斑羚。"不到 10 秒，它就拽着一只体重是自己两倍的怀了孕的黑斑羚跳进深沟，轻松得像在拖一张毯子。"休说。狒狒群看到了它，"都兴奋起来，直冲着深沟奔来。紧接着我们就看到，那只黑斑羚从深沟中又跳了出来"——一时之间，所有目光都聚焦到这一独行猎手身上。

决定，决定，经费，经费

"执行制片人最重要的职责之一，"阿拉斯泰尔·福瑟吉尔说，"就是风险管理。"拍摄野生动物从来都是一场赌局，特别是当涉及海洋时，预算极有可能打水漂，或者最终投入巨大。阿拉斯泰尔说，在任何一个大型纪录片的拍摄过程中，对于危险，有 1/3 是预料之中的，还有 1/3 是前所未有的。"但是除非有巨额回报，否则冒这么大的风险是毫无意义的。"举个例子，"如果你知道了虎鲸在如水晶般清澈的水中追捕座头鲸这种可以

▲ **让人分心的螃蟹。**这是临近墨西哥海岸的远洋红蟹，由道格·安德森拍摄。那天道格没有看到沙丁鱼群的迹象，却碰上这群红蟹。许多动物以之为食，包括金枪鱼，所以说不定在它们周围晃悠，大型捕食者就会出现了，可惜最后没有。

▶ （第 262~263 页）头奖。大卫·赖克特拍下一头正要吞食一大群磷虾的蓝鲸，并小心避开它的尾巴和鳍——"与如此巨大的动物共处同一片海域，令人心生敬畏。"为了拍摄这头速度极快的巨物，大卫不得不预先游到它可能经过的路径下方。

为纪录片留下最具纪念性的画面的消息，你会决定赌一把"。

那么多镜头同时拍摄，要取舍并不容易。休·皮尔森说，在广阔的海洋里，动物们要么饥饿难耐，要么食物丰盛。他所有的照片中，拍摄风险最大的或许要数蓝鲸捕食了，这之前还未被人记录过。鉴于目前的蓝鲸数量只剩下捕鲸活动兴起前的 3%，要在广阔无垠的蓝色荒漠中找到一头恰好在捕食磷虾（其踪迹也不可预测）的蓝鲸，同时海水的清澈度刚好适合拍摄，这完全就是一场巨额赌局。第一年的尝试在加利福尼亚海域进行，结果一个月过去，一无所获，只拍到几张蓝鲸游过磷虾的镜头——最终损失巨大。但大家选择继续下注，第二年再次尝试。结果证明那是潜水接近蓝鲸的最佳年份，浮游生物没有大量繁殖，使海面可见性提高——这对于水下拍摄至关重要。和往常一样，摄制组在拍摄行动即将结束之际得偿所愿：8 周的寻找，就为了 10 分钟的珍贵资料。

鲸口脱险

拍摄行动即将结束之际，摄制组注意到地平线处的一群鸟发现了磷虾的踪迹。他们开船快速赶去，看到与网球场面积大小相同的团成球状的磷虾群正遭受沙丁鱼的攻击。蓝鲸通常会避开它们不吃的鱼，但休和摄像师大卫·赖克特还是下了水。随后休便看到了一头巨鲸从他们下方游过，离大卫仅 2 米不到。这是一头身长 25 米的蓝鲸。"接着我们经历了最不可思议的瞬间，"休说，"它来回游了 4 次，划出一条巨大的弧线，大口吞下磷虾，那场面既令人兴奋又让人害怕。"

"如果它用鳍打中你——尾鳍横扫距离超过 7 米——你就死定了，更令人担忧的是，它可以直接吞了你。蓝鲸张开的大口能吞下一辆大巴车。因此有一条黄金法则：千万不要待在磷虾中间。"

"在海里与一头蓝鲸相距不到 1 米，并与之对视，这是我永生难忘的经历，极少人能拥有的经历。我们超乎寻常地幸运。可见度很好，阳光普照，摄像机运转正常，我们捕捉到了独一无二的镜头。"

空中剧场

说到钱，直升机也是一笔巨大花费。拍摄地点通常离机场甚远，意味着得给飞行员付更多报酬，买更多燃料。拍摄非洲野狗时，空中摄像对于展现它们的捕猎策略必不可少。但要到达赞比亚的柳瓦平原国家公园，直升机必须从南非出发，预计到达时间为一周后，那时野狗群早已不见踪影。

领头的雌性野狗戴了一个无线电项圈，但正常来说它只能接收到半径1千米以内的信号——在森林里接收信号的范围就更小了，摄制组就在一个风雨袭来的夜晚跟丢过它们。因此制片人休·科尔代无可奈何地租了一架轻型飞机，从卢萨卡出发来到森林里，努力寻找野狗群的身影，但是没能成功。然后派来了直升机。成本不断上升，形势严峻。

最终转移大家注意力的是一只出现在营地旁的猎豹。休决定，与其让直升机闲置，不如拍猎豹捕猎——从未有人从空中成功拍到过。只飞了不到几分钟，他们就拍到猎豹追捕小瞪羚的画面——"每一段迂回曲折都被实时记录下来，展现了它们的速度与灵活性。"

第二天，他们再次升空，同样难以置信地幸运。"我们刚到那片区域，"休说，"我们没看到猎豹，但30秒不到，就看到一头角马跑来，于是想，它一定正被追捕。杰米决定跟上它，说，'我只需要启动摄像机，希望它跑到镜头里来。'而它真的来了。我们拍到猎豹追捕4头角马、2头角马妈妈和其幼崽的整个过程。其中一头角马妈妈几乎要扳倒猎豹了，猎豹挣脱束缚转而攻击幼崽。它没能成功，但我们成功了。不到10分钟我们就拍到了精彩的画面——俯瞰到的一次猎豹捕猎。"

对于纪录片《猎捕》而言，成功的拍摄往往来自于跟拍失败的猎捕行动。的确如此，被记录下来的猎捕行动有一半以失败告终，但如果是非洲野狗，成功率为80%。当侦察机终于再次定位公园后，一场持久、成功的猎捕行动被记录了下来。将所有镜头剪辑到一起，杰米说："我们便能看到有多精彩，野狗群有多危险，而角马又有多害怕。"

▶ **野狗退场，猎豹上阵。** 猎豹将目光锁定在一头角马的幼崽上。它被直升机上的镜头捕捉时，地面摄制组正疯狂寻找原本打算拍摄的对象——野狗群。他们转而决定拍摄猎豹，因为它也是那片区域的研究对象，且佩戴着无线电颈圈，所以他们知道它的大概方位，可以通过从空中追踪它的潜在猎物来追踪它。

无所事事的日子

　　于休·皮尔森而言，身处广阔的海洋中，可以感受到一种不可思议的强大力量——那是"真正的旷野"。"我可以在海上待一整天，即便什么都没看到也很开心，因为总会有出乎意料的惊喜。"但是对于大多数电影制作人来说，一旦动物不会出现，或者天气不可预计，兴奋之情就会消失殆尽。助理制片人苏菲·兰菲尔和她的团队前往拍摄北极熊捕食海象，意外地在8月（10年来头一回）被海上冰川挡住北方的去路，被迫待在斯瓦尔巴群岛东部。那里有许多海象，却没有北极熊——确切地说，连续3周的全天候监视，只出现过一只未成年的雄性北极熊。"最糟糕的部分是无聊，"苏菲说，"还有劝服众人，留守于此是值得的。"

　　旱季的最后一周，摄制组决定在埃托沙拍狮子，因为此时所有动物都被迫前往仅剩的水坑饮水，狮子会比平时更加活跃。曼迪·斯塔克和摄像

▼ **漫长的等待。** 狮群在纳米比亚埃托沙国家公园里的一个水坑旁休息。在经历狮群长达5周的休息期后，摄像师苏菲·达灵顿和助理制片人曼迪·斯塔克才在最后一天日间的最后一小时里成功拍到狮群捕猎的场景。在无处藏身的环境中，伏击的最佳掩体往往是暴风雨和黑暗。

师苏菲·达灵顿锁定了可能的对象——在水坑四周闲晃的狮群。形势很快就明朗起来，曼迪说，狮群白天的唯一活动就是"在太阳落山前的最后一刻起身，舒展舒展身体，再又躺回去"。渐渐地，摄制组意识到，狮群只会在暴风雨的掩护下行动——但在疾风骤雨、沙石翻飞的情况下，苏菲不能冒险使用摄像机。整整5周，狮群没有任何值得拍摄的内容，资金不断消耗，摄制组压力巨大。但就在最后一天的最后一小时的最后一束日光的照耀下，奇迹真真切切地发生了。

"我最终锁定狮群时，"曼迪说，"天空已经一片黑暗。你能预感到一场狂风骤雨即将来袭——有一头雌狮开始走动，由此也能看出它们准备要捕猎了。我的肾上腺素开始飙升，浑身颤抖着连设备箱都差点拿不稳了……我拼了命地朝猎捕将要发生的地方开车狂飙，并通过无线电告诉苏菲。"

苏菲到达时，雌狮们已经就位，蹲伏在一小群斑马的两侧。"我猛地把摄像机抽出来就开始拍。"

"斑马的感官受到暴风雨的干扰，"曼迪说，"它们压根看不见狮群，竟有一匹成年公斑马径直从它们身边走过。领头的狮子清楚自己的目标是哪一匹斑马，而那匹斑马也有所察觉。"它突然采取行动——"开始冲刺，我从未见过狮子短跑这么长的距离。"苏菲说。它的身影离镜头越来越远，狂奔的距离约有1千米，逐渐没入黑暗。"我的镜头得以奇迹般地一直聚焦在它身上……更神奇的是，就在狮子咬死斑马之际，天空突然闪现一道光照亮了狮群，那是我见过的最为血红的夕阳……等我们回到营地，载入底片时，我才反应过来，我的天呐，我们拍到了，我们做到了！"就这样，摄制组最终拍到他们想要的猎捕画面，一次与众不同的猎捕，狮群也得到了食物。

但对于马克·史密斯来说，要拍摄带幼崽的秘鲁水獭才真是"顶级灾难"。他在智利待了整整两个月，连一只小水獭都没见到。尽管他已经拍到了足够多的成年水獭和少年水獭的高质量镜头，但那些也只是在海里的匆匆一瞥。"对于它们的群体架构和习性行为还知之甚少，"他说，"它们很少上岸觅食，也很少出现在海面。"不同于其他大多数拍摄行动，"没有科学家能告诉你会在何时发生什么事"。

请教专家

大多数行为画面的成功拍摄与科学家的帮助密不可分。通常情况下，是科学期刊上的信息帮助摄制组决定拍什么，到哪里拍，什么时候拍。还有科学家给研究的动物对象戴的无线电项圈，包括北极狼和非洲野狗，都让他们得以追踪拍摄主角。

说到雀鹰，挪威自然学者约斯泰因·海尔维克给摄制组提供了一组弥足珍贵的雄性雀鹰捕猎的照片。他在森林里建造了一个喂鸟基地，并监视观察了数年。这里似乎也变成了少年雀鹰的训练大本营，它们会在此练习捕食松鸡的技巧。10天的拍摄时间里，摄制组没有见到一次成功的捕杀，却目睹了松鸡正面逃脱雀鹰的魔爪。"松鸡天资聪明，"摄像师约翰·艾奇逊说，"它们不仅速度要比雀鹰快得多，还会观察每一次袭击，从中汲取教训，并在下一次雀鹰来袭时做出绝妙反应，利用自身的冲力脱险。松鸡会飞向一个树桩或者树干，利用双脚与其相撞的反冲力将自己推向一边。但雀鹰没能及时反应，直接飞过了头。这类场面一天中往往会重复多次。"

用幽灵高清慢速摄像机回放每一个瞬间，"勇猛的年轻雀鹰"的空中技巧令约翰惊奇不已。为了减小翅膀的阻力，直冲向下方的松鸡，约翰说，"雀鹰会将身子颠倒，保持头部向下——这在飞行中是非常疯狂的举动"。

助理制片人艾德里安·西摩说："尽管袭击过程只有几秒，但雀鹰属于常见动物，而且招待我们的科学家对它们了如指掌，我们能够预计它们会出现在哪里。因此我们可以安排拍摄计划，甚至决定需要的背景。这就像在用驯服的鸟拍电影镜头。"

因为和拍摄对象长时间朝夕相处，《猎捕》团队还有了许多新发现，通常是在那些科学家到不了或者没有经费前往的地方得到的。对于许多团队成员来说，这些发现不仅是这一次次旅程的亮点，也为这部纪录片锦上添花。

▶ **飞行训练。** 一只年轻雀鹰在挪威森林的觅食地练习飞行时攻击了一只小松鸡。尽管这只雄性雀鹰的飞行路线准确无误，爪子也做好了抓刺准备，但松鸡却以智取胜。

定位策略

一般来说，摄像师会注意到被常人忽略的细微行为，有经验的自然学者更会注意到这些，这是长期的实践观察和预测动物行为的需要所练就的本领。巴里·布里顿花了 7 周时间，在北极区的斯瓦尔巴群岛拍摄繁殖期的鸟类，他需要拍摄一幕成群结队的海鸠幼鸟从鸟巢里跳进海里的画面。"基本上来说，幼鸟得先清理悬崖底下的岩屑堆，再从窝里飞到海面入水。你可能以为它们会等到发育成熟再行动，但我们却看到了各种大小和各个年纪的海鸠。似乎成功与否与体形大小并无关系。有时一团毛茸茸的小东西在落水前就已经飞出海面老远，然而一只成熟的小鸟却像一块石头，直直砸在岩屑堆上。我们开始意识到，海鸥在悬崖上攻击那些鸟，是想从中挑选脆弱的幼鸟。如果幼鸟等自己足够成熟，到了入海的最佳时机再入海，被海鸥捕捉的危险也会随之增加，因此不得不尽早跳入海中。"

为了画面的连贯性，他们必须拍到一只幼鸟跳下的瞬间。可尽管已经观察了很长时间，想要锁定一只可能会跳下的幼鸟，他们还是决定不了该把摄像机安在哪个鸟巢里。后来巴里想到一个主意，在悬崖上安一个摄像机。回看监视画面时，唯一的线索就是幼鸟会走到悬崖边缘突出岩架的几厘米处，伸出脑袋朝下面看个 30 秒（通常是为了安全考虑），等看到它的脚蹼走到悬崖边缘，接下来便会起飞，似乎想出其不意地赶上自己的父母。

"我们只要看到有鸟的脑袋伸出来，就会将镜头对准它。我们越来越有经验，知道事情会在何时发生，于是成功捕捉到 4 个很棒的跳跃镜头。"北极鸥或许也在观察中发现了相同的线索。大多数幼鸟会集中在夜间的 6 小时跳下，海鸥很快便能饱餐一顿。

更令人惊喜的发现是北极狐捕食小海雀的策略。这类像海鹦的小型雀鸟喜欢在悬崖底下的岩石洞里筑巢。巴里和助理制片人苏菲·兰菲尔看到

◀ **寻找飞行的幼鸟。**巴里·布里顿站在悬崖峭壁上一处危险的地方，将摄像机架在岩架上，想要锁定一只准备飞跃的小海鸠。和他一同观察的是助理制片人苏菲·兰菲尔。

◀ **观察狐狸。** 巴里藏在悬崖底部的岩屑堆上。他可以在这里花上一天的时间拍摄在岩石间筑巢的成千上万只小海雀，以及藏身其间试图捕食它们的狐狸。这个地方就是天然的圆形剧场，海雀们源源不断的聒噪声和空中海鸽们的咯咯叫声被不断放大。海雀飞走时，会发出"嗖"的一声响，巴里都能感觉到因它们振动双翅而形成的能量波。

▶ **观察海雀。** 一只狐狸专心致志地注视着一群小海雀筑巢的地方，随后藏身于岩石间。一列矛隼或海鸥经过会造成大量成年海雀逃离，此时它便一跃而起抓住一只海雀，或者耐心等待它们飞回，在其着陆时趁机抓上一只。

一只狐狸潜入，消失在岩石间，但似乎没有事情发生。后来有一天，他们明白过来，狐狸藏在岩石中间，有时甚至会超过一小时，它在等待小海雀们飞回栖息地。只要有一只海雀的着陆点与狐狸的藏身之处离得特别近，狐狸就会猛地跳出来试图抓住它。"一只雄狐可以垂直跳起，像抓飞盘一样捉住海雀。"巴里说道。但苏菲称，雌狐不会冒着伤害自己的危险这么做，"它会等海雀完全着陆，再趁其不备跳出来抓住海雀"。

蜘蛛的方法

　　最引人入胜的故事当然少不了达尔文吠蛛的，它于2009年达尔文200周年诞辰之际才正式有科学记录。这种蜘蛛吐出的蛛丝在强度和弹力方面都远超过其他材料，甚至是其他蛛丝。它们的蛛丝可以被"抛"至河的对岸，形成一条桥接线，用以编织巨大的圆蛛网。但这一珍贵的吐丝绝技只有用高质量的微距镜头拍摄再慢镜头回放才能一探究竟。

　　要拍摄这种习性不容易。首先，摄制组得在马达加斯加的河边找到这种小型蜘蛛。其次，他们得判断蜘蛛会将丝抛到树枝上还是树叶上。而且蜘蛛还必须和摄像机保持水平高度。最后，他们确定了理想的拍摄起点——精心布置的一棵草木。

　　"它悬挂在一根树枝或者一片树叶上，绷紧下腹，"休·科尔代说，"吐出的丝像烟一般。那是你前所未见的画面。"达尔文吠蛛呈扇形吐丝，而非一条直线，以防被风吹跑。他们还在回放镜头时发现，几乎每一秒蜘蛛都会收缩吐丝器使其出现褶皱。等丝吐出来，被风吹得一转，就能拧结成绳。如果蛛丝没能抛向对岸，它就会缠在那根线上重新开始。一旦成功接到树上，它便会继续加固，在蛛丝上再加上一层。随后它回到中间，在开始织网前做好一个中心点。"不可思议。"

　　同样不可思议的是，这是休在拍摄一种新型蜘蛛快要结束时的意外发现，这种蜘蛛拥有以往在非洲的物种中未曾发现的习性。他和研究蜘蛛的

▲ **蜘蛛装备。** 39个背包和一行人——摄像师阿拉斯泰尔·麦克尤恩、制片人休·科尔代、司机乔尔和助理摄像师莱安·阿特金森——位于马达加斯加国际机场的停车场。"这是我背过最重的摄制装备之一，"休说，"而且是为了拍一些小型动物。"

▶ **拍摄蜘蛛。** 当地协助者、阿拉斯泰尔和研究蜘蛛的德国科学家雷纳·多尔希看着莱安架好移动摄像车——一种安在陀螺平台上的装备，用以拍摄达尔文吠蛛横跨河流两岸的蛛网。

▲ **伪装的蜘蛛。**在非洲拍到的有史以来第一张诱饵蜘蛛的照片，这种蜘蛛在马达加斯加的安达斯巴曼塔迪亚国家公园被休发现。这种蜘蛛当然弥足珍贵——它仅用4条腿就能做一个自己的仿制品。

◀ **跨越河流。**由无线电控制的陀螺仪稳定式移动摄像车被架在河流上空，准备好记录达尔文吠蛛织网的全过程。

专家雷纳·多尔希一同在森林里散步时，多尔希博士说蜘蛛随处可见，并指了指蛛网中心的一只蜘蛛。休停下脚步盯着它看了一会儿，发觉有点不对劲，于是轻轻地戳了戳，结果一只体形小得多的蜘蛛从大蜘蛛身后跳出来，逃走了。"我立刻意识到这是一只诱饵蜘蛛，"他说，"因为我们正打算去秘鲁拍摄这一物种。"为了防御捕食者，小型诱饵蜘蛛会利用残骸做一个比自己大很多的仿制品，只露出自己的8条腿，仿制品就放置在蛛网中心。上面这张照片是在非洲发现的第一只诱饵蜘蛛，并且这一照片是到目前为止唯一捕捉到的一张，因为等休返回拍摄时，那只蜘蛛已经不见了。

捕食者通力合作

拍摄海洋动物期间创造了许多首例事件——不论是科学发现还是拍摄记录，主要是因为人们对海洋动物的习性和行为还知之甚少，而且要在这片辽阔且排斥人类的环境中进行观察研究更是难上加难——研究经费也让科学家们承担不起。因此科学家真的会拿 BBC 出品的大型系列纪录片的镜头进行研究。但纪录片《猎捕》中的画面通常要经历数周的焦虑后才能如愿完成拍摄。

这次的海洋计划，休·皮尔森和团队着手拍摄沙丁鱼是如何与捕食者合作的，希望会引来喜欢集体捕猎的条纹四鳍旗鱼鱼群——速度极快的海洋长嘴鱼类中的一种——但也有一部分捕食者使用不同的策略。他们没有等到旗鱼，但却等到了能吸引旗鱼的饵球。

要想深入海域，就必须有一艘能容得下整个摄制组的船只，包括摄像师大卫·赖克特和道格·安德森，休预计需要在海上待 3 周才能拍到想要的镜头。第 1 周在几乎没有生命迹象的一片死寂的大海中度过，第 2 周亦如此。终于，最后 3 天时，无线电报告指示出一处沙丁鱼近 2 天内往北迁徙时可能出现的浅滩。大卫和休坐在一艘充气式小皮艇上下了海，就在那时，休意识到露出海面的鱼鳍并不属于海豚，而是成百上千只短尾真鲨，它们疯狂分食着迅速增大的饵球，同时享用饵球的还有下方来的鲣鱼和岸上来的海狮。这群享用食物的鲨鱼正处于极具攻击性的状态，不时撞击休和大卫的皮艇，迫使他们远离这片领地。就在 10 分钟后，一切都结束了。正如道格所说，这是典型的海洋拍摄经历——头 20 天一无所获，等最后 3 天实在忍无可忍时，隔天真正的奖赏就来了。

他们发现的浅滩如同一个大房间的面积。海狮在那儿没吃到什么食物。"它们似乎遭到那群鱼的愚弄。"所以说明浅滩策略成功了。但局势在瞬息改变，一大群海鸥从高空直冲下来。紧接着鲣鱼也到了，从下方攻击，将沙丁鱼赶到离海面更近的地方，使其簇拥得更紧，为其他捕食者提供方便。

▶ 空袭。大卫·赖克特拍下海狮和剪嘴鸥一鼓作气捕食沙丁鱼群的画面。鱼群还未来得及逃到大海深处就已被捕食者拦截在海面，给叼上了岸。

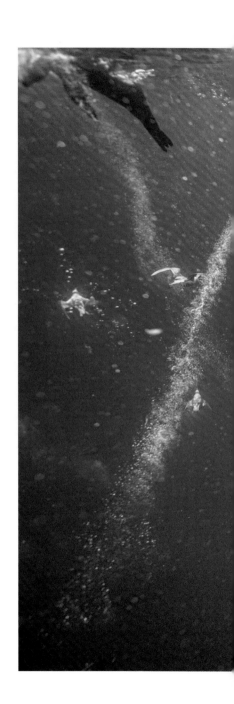

现在沙丁鱼开始转换成防御状态，它们惊慌失措地挤成更紧密的球状。"你可以看出来它们的体力慢慢耗尽了。"休说。最后它们的脑袋突然像是乱了套，道格说，"它们不再挣扎"，等布氏鲸游过来，"一口就全吞进了肚子里"。

发现水獭

这次海岸项目，休下定决心要拍到秘鲁水獭——世界上最小的海洋哺乳动物，也是真正的边缘猎手。只有在南美洲波涛汹涌的大西洋海岸上才能看到它们的身影（不要跟北美洲的一种体形大得多的海獭搞混了）。这里的海水异常寒冷，小水獭不得不消耗大量能量来取暖，被逼无奈，它们只能疯狂掠食。它们同时特别害羞——就算你看到一只水獭冒出海面，只要你一把镜头对准它，它就会立刻再潜入海中，这让摄像师马克·史密斯大伤脑筋。而且它们的习性极少为人所知。显而易见，和一只水獭一起潜水的机会微乎其微。不过最后休发现了一处水獭已经观测过的地方，从那里入海相对安全，他和摄像师道格·安德森在露营地，等待着一个风平浪静的时刻，一个海浪不那么危险、海水清澈、适合拍摄的时刻。

锁定第一只水獭时，道格说，最大的惊喜就是"它居然那么小——只有欧洲水獭体形的一半"。为了避免吓到这些害羞的小家伙，他们给潜水服和摄像机做好伪装，并戴上呼吸器，以防呼吸的时候吐出一串泡泡。坚持一周终于有了回报，他们拍到了有史以来第一个秘鲁水獭水下捕猎的镜头。

◄ **从下方攻击。**道格·安德森拍到一头布氏鲸吞入一大口围成球、被困于海面的沙丁鱼残骸。

► **一只水獭都看不到。**海浪冲刷着智利海岸，马克·史密斯在找寻秘鲁水獭冒出海面的小脑袋。他发现，这些小水獭的沿海领地延伸得很长，人们没办法在它们沿海岸前行时抬起三脚架就开始追踪——这也是它们迄今都未出现在电视上的原因之一。

娇小的潜泳者

　　海洋哺乳动物中体形最小、最神出鬼没、最鲜为人知的一员——这样的描述让人看不到希望。事实也正是如此，摄制组没能发现任何有关秘鲁水獭家庭生活的线索，即便在它们的繁殖期也一无所获。不过他们还是得到了一些特别的回报：有史以来第一个秘鲁水獭的水下镜头，首次向人们呈现了它们是如何捕猎的以及它们体形如此娇小的原因之一。

　　对于秘鲁水獭而言，寻找足够的食物就必须与时间赛跑。"它们潜入超乎所有人想象的深度——7~8米，直冲向大量猎物出没的水下巨石阵。"制片人休·皮尔森说，"它们消失在岩洞里，不停探寻，然后咬着一只螃蟹或一条鱼突然蹿出来。"水下摄像师道格·安德森说它们"像是洞穴探险家，身体轻盈瘦削，但凡再大一点点就会被卡住。它们面临的困难就是，一旦觉得冷了，它们就要抖动身体直到再次暖和起来——这一切都不难从那张照片里看出来"。

▲ 有价值的工作。一只秘鲁水獭深潜捉完螃蟹后爬上海岸——这一巨大收获值得我们忍受海浪的冲刷和极度的寒冷。

▶ 1~4 专家级深潜。上面海浪翻滚，小水獭直冲向海中的巨石阵，挤进岩石间，咬住一只螃蟹冲出海面。

1

2

3

4

无需躲藏时

北极区的埃尔斯米尔岛上居住着一群有名的白狼。它们被禁止猎杀，因此丝毫不惧怕人类。从理论上来说，这给了摄制组一个大好机会，让他们可以在白狼捕猎时跟随其后。但马克·史密斯解释说，当他们到达岛上时，那片冻原"就像泥泞的林肯郡的土地。我们跟着狼群走了没多远，就得花上1小时把陷进泥地的四轮车弄出来，那时狼群早没了踪影"。只有等地面硬化后，他们才能追踪拍摄它们捕食成年北极兔。但在崎岖不平的地方，马克不得不把摄像机放入背包中保护起来，大多数时候他必须站在四轮车上。"随后你便会发现自己身处最可怕的冻原山丘之间——放眼望去都是将近1米高的小山丘。要么拼命往前开，要么将速度无限放慢，但无论哪一种都

为北极兔驻足。 马克·史密斯停下来拍摄聚集在冻原上的北极兔。他和制片人约翰尼·休斯已经骑着沙滩车跟着巡视领地的狼群一整天了，燃料就快消耗完了，他们正要返回营地。图中仅呈现了狼群在埃尔斯米尔岛上巨大领地中的一小片区域，仍旧封冻着的大海形成天然界线。那里的野兔和麝牛数量充足，不会让狼群断粮。

很痛苦。"等赶上那只追逐以 48 千米每小时的速度狂奔的兔子的白狼，要么白狼已经得偿所愿，要么兔子已经逃脱。

但他还是拍到了 3 个至关重要的镜头，这要感谢那只母狼，经过 3 周时间的"相处"，它似乎同情起摄像师来，一天晚上它过来待在营地附近，然后开始追逐一只兔子，让他捕捉到了高水平的关键镜头。当然了，空中直升机里的杰米也用摄像机记录下了狼群捕猎的所有策略。

令摄制组惊讶的是白狼对猎物的选择。当小野兔和成年兔数量充足时，麝牛就会被忽略。确实如此，一些麝牛几乎就在狼窝上头休憩，但四周到处是麝牛的骨头，因此它们显然也在捕食范围内。摄制组最终从空中拍到了捕猎过程。对于杰米而言，"这是我所见过的最精彩的'单人对决'"。

摄制组判断狼群会对麝牛幼崽下手，但这一次，"它们挑了一头成年公牛"（见第189页）。"它们直接冲了上去，"杰米说，"4只狼配合进攻，结果不言而喻。但这场战斗持续了将近1小时。这头公牛被逼到一条河里。血腥的画面让人不忍直视。但就戏剧性而言，那绝对精彩。"

鲸类的战争

　　根据最新的观察结果，就戏剧性与规模而言，镜头下最为精彩的故事，一定是发生在澳大利亚西部海域里的虎鲸追捕座头鲸的过程。艾伦·侯赛

▲ **人情味**。不满一岁的北极兔簇拥着马克·史密斯，这里嗅嗅那里啃啃。它们不怕人类——只怕狼群——并且总是充满好奇，不停探究帐篷和各种设备。

▶ **营地巡视员**。一只雌狼在营地来回走动，进行日常巡查。狼群不仅好奇心强，且具有敏锐的观察力，这就不难想象原始狼群与原始人类的关系是如何建立起来的了。

因说，这为摄制组带来了一次紧张激烈、惊心动魄的经历。这很可能也是所有项目中赌注最高的一个，在一次不可预测的拍摄计划上花费巨额预算，就连专门研究鲸的生物学家也未曾目睹过这种场面。

这次拍摄计划的实施源自于报纸上的一篇报道。内容是对 5 个目击者的采访——足以证明南极洲来的座头鲸向北迁徙，前往它们冬日的繁殖地时，虎鲸曾于 7 月出现在宁格罗暗礁群，并待过几周时间。迁徙的队伍里包括怀孕的和沿途就已分娩的母鲸。近岸海域是座头鲸的主要迁徙路径，而非深海，母鲸和它们的幼崽借由靠近海岸和礁石边缘来躲避虎鲸。

想得到拍摄的唯一机会，就必须先找到一群虎鲸，再尾随其后。而鉴于它们行进的速度和距离，要想如愿，只能与虎鲸研究学家约翰·托特德尔和他的西澳虎鲸研究小组、美国科学家鲍勃·皮特曼和他的美国国家海洋与大气管理局的西南渔场科学中心团队合作，他们对于追踪虎鲸的行踪和观察其行为都十分敏锐在行。想要在虎鲸身上射一个卫星标记就已经很不容易了，因为虎鲸不仅比预计早到了几周，随后还不见了踪影。不过它们的确在 7 月座头鲸经过时又返回了。终于成功标记一头鲸后，艾伦将英国摄制组召集了起来。

摄制组行动的那天，虎鲸再次沿海岸向下游出发，第二天时，摄制组的船不够用了。"科学家们说：'没戏了——它们很可能已经在回南极的路上了。'而我脑子里只有，天呐，我的钱就这么全打水漂了。"然后，屋漏偏逢连夜雨。摄制组回来后天气恶化，所有人在岸上被困了整整一周。但就在他们快要放弃希望时，虎鲸再次出现在海岸，朝北游去。两天后，小船赶上了它们，此时好戏才正要上演。

"卫星标记上传的响声表明虎鲸已靠近暗礁，也就是座头鲸妈妈与其

◀ **目击者**。摄制组从暗礁处一路追随虎鲸。艾伦·侯赛因调整吊臂，将陀螺仪稳定式摄像机调至与海面平行，她的左侧是摄像师布莱尔·蒙克，负责看着监视器，控制摄像机。制片人休·科尔代则观察前方状况。开船的是大卫·邦德。

幼崽躲藏的地方。"艾伦说，"于是我们知道会有事发生。我们到达那儿时，看到一头座头鲸和它的幼崽被虎鲸包围。这是一次高难度动作。卢克·巴内特站在小船的最高点拍摄，道格·安德森用长杆支撑操作水下摄像机，我则负责盯着监视器。座头鲸妈妈试图利用聚集在四周的小船做掩护。船只颠簸，水面起伏，一片混乱。"但即使它拼命保护孩子，也还是不敌虎鲸。它绝望不已，将小船顶出海面半个船身的距离。"在那一刻，"艾伦说，"你只记得专心致志地拍摄。只有当停下来以后，你才会意识到，天呐，那个妈妈刚刚失去了自己的孩子。"

他们在第二天拍到了第二场猎捕好戏。虎鲸再次捕捉到座头鲸幼崽（见第46页）。"我们一直跟着它们，直到它们离开，"艾伦说，"道格则下海与它们一起。"就在那时，"一头鲸如一辆运货列车般驶来——发出喇叭般的声音，不知从哪儿冒出来了热气，它直接冲进了虎鲸群中。我们不禁想，这很有可能就是那个妈妈了"。

此时直升机已经到达目的海域上空，里面坐着摄像师布莱尔·蒙克，从斐济赶来。动用直升机需要大量的后勤支持和资金，包括沿着海岸飞行，每过几小时想办法补给燃料。但第一次空中拍摄就比所有拍摄行动都更高效。"那是平静美好的一天，"艾伦说，"我们知道座头鲸妈妈和幼崽正朝暗礁游去，小船也跟上了越来越近的虎鲸。"

直到下午4点虎鲸才开始行动。"从空中观察，你能看到它们的行为有所改变。"艾伦说，"它们组织严密，一起行动……暗礁四周有好几头雌性座头鲸和幼崽，我们试图猜测它们会攻击哪一头，以便对准镜头。但虎鲸随之分散开来。其中两头虎鲸总要时不时无缘无故地侵袭一头落单的成年座头鲸，像护卫似的跟了它10分钟，都快把它赶跑了。"

那时摄制组发现，另外4头虎鲸包围了座头鲸妈妈和幼崽。"它们开始从各个角度不停袭击，座头鲸妈妈挡开它们，急速甩动长长的胸鳍和巨大的尾巴。你能看出来它们有多小心，既要闪避又要围堵……从空中，你能清楚地看到虎鲸在座头鲸身边显得多么小巧，而座头鲸有多可怕。突然，两头雄性座头鲸护卫赶来。没人知道这些护卫是什么角色。但我们拍

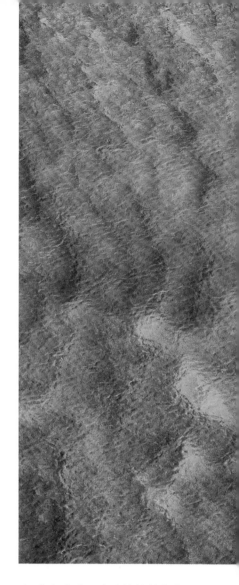

▲ **安全通道。**座头鲸妈妈和它的幼崽在浅海处的宁格罗暗礁群间游弋，试图躲避虎鲸的追击，旁边是一头巨型雄性座头鲸护卫。迁徙的大部队在远处更深的海域中行进着。清澈的海水使我们能够从空中拍摄到它们的行动，而且一旦虎鲸出现，就能预估攻击地点会在何处。

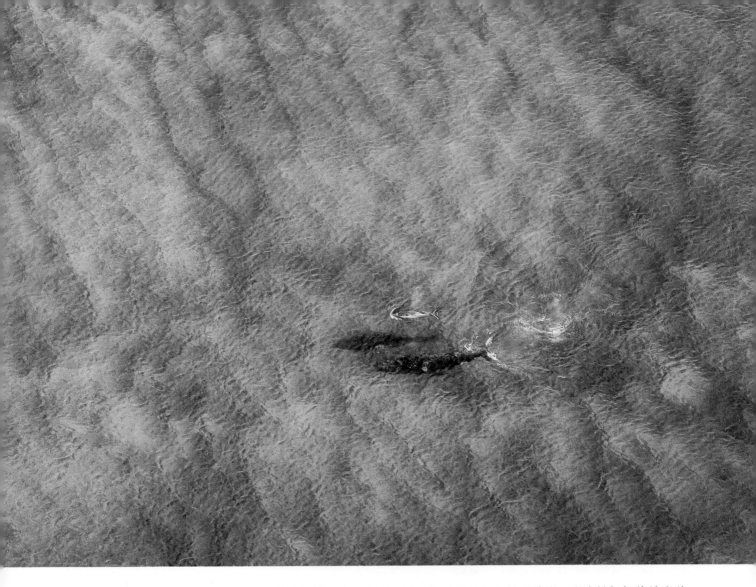

到的是这两头雄性座头鲸在保护雌性座头鲸和幼崽。座头鲸妈妈将幼崽驮到背上浮出海面，接着将幼崽驮到头部位置，不给袭击者可乘之机。雄性座头鲸会靠近拦住虎鲸，用尾巴抽打它们，尽量将幼崽保护在中间。我们不停为幼崽加油，结果有一瞬间，它从妈妈背上被撞落，淹没在翻腾的海水里。我们以为游戏结束了，但座头鲸妈妈又成功地把幼崽弄回了背上。那个过程持续了 10 分钟。最终它们得以逃脱。那是不可思议的 45 分钟——从未有人目睹过那样的场景。"

▲ **搞定！** 摄像师布莱尔·蒙克和制片人艾伦·侯赛因在空中经历了意义非凡的7小时，他们成功拍摄到了整个猎捕过程，事后露出得意的笑容——这一场面从未被目睹过，更别说记录下来了。

◄ **列队迁徙。** 座头鲸妈妈让幼崽到自己背上来，随后加快速度。一头雄性座头鲸护卫紧随其后，随时准备击退袭击者。虎鲸极有可能在一年中的这个时候，在这个地点发起攻击。由于幼崽毫无还击之力，要想摆脱险境，雄性座头鲸的保护就显得尤为重要。

他们在两周内看到多次虎鲸的攻击，而且成功率超过50%。这一事实加上早前的报道，使科学家得出结论，座头鲸幼崽是虎鲸经常捕食且容易获得的猎物。这一现象或许已经持续千年，如此一来，座头鲸的确需要进化出更大的体形来保护自己，对抗捕食者。道格·安德森表示，自己就像被虎鲸带领着见证了进化的过程。他认为他们看到的这一群或许只代表了一小部分虎鲸，它们保留了捕鲸盛行前、座头鲸的数量尚可观时的文明行为。我们见证了它们种群恢复的开始——"促使人们重新思考以痛苦、悲惨和血腥结束的猎捕"。

才出油锅又入冰窖

极端气温和漫长等待在纪录片《猎捕》的拍摄过程中似乎司空见惯。最热的地方是赞比亚。休·科尔代负责在白天拍摄花豹捕猎。"很热，非常热，极少低于 50 摄氏度。我们得在凌晨 4 点起床等待日出，因为 9 点之后，花豹不会有任何行动，然后我们就会回到营地，在下午再次出发之前躺在床上任汗流淌。我在死谷露过营，这两个地方差不了多少。"车后座是敞开式的，因此在没有任何遮挡物时，"我们忍受着太阳的炙烤，摇臂上的金属变得滚烫，让你碰都碰不得。那感觉就像你坐在太阳底下，周围还有暖炉"。

曼迪·斯塔克负责晚上拍摄花豹，要凉快许多，但她白天躺在 43 摄氏度高温的帐篷里汗如雨下，难以入睡。发电机运作的一两小时里，有一台风扇可以用，但那和吹风机的感觉相差无几。后来她又直接去了非洲另一个极端的地方拍摄——埃塞俄比亚高原——"很美，却也很冷"。早晨敞篷里会结冰。"我穿着 6 层衣服睡觉：两套保暖内衣、运动紧身衣、长裤、防水衣物、一个睡袋再加一个热水壶。"

条件虽艰苦，但依然不失为一次美妙的体验。"美景、动物、猎捕——一起出现。"摄像师苏菲·达灵顿说，"有一天早晨异常寒冷——首次非常严重的霜冻——我的手指都快动弹不得。但第一缕日光出现时，一只狼正蜷缩在它的猎物的窝里，背上全是凝霜。突然间我们听到一声狼嚎，接着那只狼竖起耳朵开始嚎叫。它背着光，太神奇了。这是我最爱的画面。"

对于寒冷工作人员尚可忍耐，如果影响到了设备，那才是真正的绝望。对于摄像师马克·史密斯和助手奥利弗·休利来说，在下雪天拍北极狐捕

适应各种气候的狐狸。北极狐是拍摄主角之一，它们似乎丝毫不受加拿大零下 40 摄氏度的寒冷天气影响。摄像机都未能挺住，其中一台就在拍北极狐时罢工了，另一台的目镜也被冻住了。摄像师马克·史密斯称这是他到过的最寒冷的地方。

猎是最寒冷最棘手的一次拍摄，不仅很难找到狐狸（那一年加拿大地区狐狸的数量急剧下降），而且 11 月通常也不会下雪，那在记忆中还是头一回。3 周后，下了一点雪，但温度骤然下降至零下 43 摄氏度，寒风刺骨。"我们想要以飞雪为捕猎的背景，"马克说，"所以我们必须到雪中拍摄，但是一台摄像机的目镜被冻住了，我不停地把上面的冰刮掉，结果另一台摄像机又罢工了。那是我经历过的最寒冷的环境，但狐狸却完全没感觉。"

　　雪的深度足够开着雪地摩托拉上一雪橇的设备。"我们坐在雪橇上，向导拉着我们走了 48 千米。一路颠簸了一个半小时后，到达硬地上，你就能看到主角了。当你下车准备开拍时，你的身体温度低到你碰任何东西都会觉得特别冷，在你试图用冻住的取景器和失去反应的摄像机拍摄时，双手几乎已经不能正常活动了。所以那是一次令人难忘的体验，但我绝不想再尝试第二回。"相比之下，为了拍摄北极狼，在北极冻原坐在雪橇上颠簸前行，也是非常痛苦的体验，但"就另一方面而言"，马克说，"在一场捕猎行动的途中和一群狼一同奔跑，是你所能拥有的最难以置信的经历。"

大型捕食者与连环窃贼

在拍摄筑巢的北极鸟与其捕食者时，助理制片人苏菲·拉菲尔和摄像师巴里·布里顿在偏远的斯瓦尔巴群岛中的一座小岛上拍摄到了大型的夏日画面。他们的住处是一个4平方米大的单间矿工小屋，还要和一位挪威向导以及25箱设备共享。

尽管处于极昼时期，但只有4天放晴，其余6周不是下雨就是起雾，不过他们还是拍到了与众不同的鸟类和哺乳动物。虽说北极熊不太可能会造访，但他们还是每人配备了一把信号枪，在屋子里放了一把来复枪。5周过去了，唯一的造访者只有一个爱舔锅的小家伙北极狐，唯一一次追踪还是历尽艰险地在离大海400米处拍摄俯冲向大海的贼鸥和海鸥。直到第6周，海鸽幼鸟开始入海，摄制组最忙碌时，那位麻烦的来客才出现在岛上。

他们第一次发现北极熊是在从悬崖边返回营地准备补觉的路上。他们

◀ **斯瓦尔巴群岛上的摄制组小屋。** 这是旧时矿工们住的棚屋，摄制组在此住了7周。天气恶劣时——事实上大多数时候都是如此，摄制组只能缩在一间屋子里。

▼ **舔锅的家伙。** 这只小狐狸会每晚闻着饭香准时出现。它蜷成一团等在外头，渴望地盯着，希望有人出来洗锅，并且落下点吃的。

回到小屋所在地，发现门是开的。"它自己打开了铰链，翻遍所有架子，吃光了所有东西，包括我的两根巧克力棒。"苏菲说。它还打开了放在外面的上锁的小冰箱。"20千克的肉，还有芝士和酸奶，被它一扫而光。"他们花了3小时清理现场，在门口设置障碍。为了防止北极熊返回，他们只好不睡觉。不出意外，凌晨4点门外响起了敲打声。他们用怒斥、尖叫、捶墙吓唬它，但好景不长。

第二天，从悬崖边回来，他们看到北极熊朝小屋走去。那一刻，他们无能为力。午夜返回时，他们发现它就睡在了小屋旁边，红酒渍顺着它的脸流了下来。"这一次它破坏得很彻底。"苏菲说。北极熊把门拆成了碎片，还把所有东西都打开了，连装酒的箱子也没放过。"这比青少年的家庭派对还要糟糕。它摔碎了所有酒瓶，清空了每一个架子，打开橱柜和碗柜，

▶ **入侵过后。** 被熊破坏的棚屋正在修复当中，后门原本有铰链，但已被熊扯坏。没有多余的木头，要修好棚屋基本是不可能的。

▲ **偷肉贼。** 空空如也的冷冻箱。这只熊吃光了所有的肉——整整20千克——还有乳制品，它娴熟地弄出了冷冻箱里的食物，还仔细地将酸奶罐子舔了个干净。

▲ **狂欢过后。**北极熊的盛宴留下的证据有巧克力包装纸和红酒空瓶。罪魁祸首在棚屋旁附近酣然入睡，嘴角还有红酒残渍。

◄ **证据确凿。**储藏间的门被扯成碎片，所有能吃的东西都被吃了个精光。

北极熊真是太灵巧了。它把毛和口水弄得到处都是。它不吃的东西就只有琴酒、酸制酵母和洗洁精"——幸好罐头食品和意大利面放在阁楼里。"所有东西弄得到处都是。"清理工作花了4小时。

现在别无他法，只能24小时盯着。那晚苏菲拿着枪守夜，其他两人睡觉，这样就不耽误白天的拍摄。"我知道北极熊有多聪明，它正在想下次应该怎么做。"

果然，它趁其他人不在时，出现在窗边。我们的尖叫声再次将它吓跑，随后的爆炸声也起了作用。但是那讨厌的家伙又跑回海边，还真让人伤脑筋，巴里回忆时说。

他们回布里斯托尔时，知道了北极熊是个不折不扣的连环窃贼——开锁专业户。最终它再次闯进小屋，这次打破了窗户。

危险的雨林

对于在厄瓜多尔拍摄的约翰尼·休斯来说，咬伤是一直困扰着他的难题——"兵蚁尤其让人伤脑筋。"特别是在夜间拍摄时，有被毒蛇或者有毒昆虫咬伤的危险。但更危险的是在丛林里迷路："一个不留神就转了个身朝错误的方向走去。"最后他们沿路把丝带绑在树枝上，以确保能找到回营地的路。

对于艾德里安·西摩来说，在委内瑞拉拍摄角雕，最让他着迷的是角雕成功与雨林融为一体的方法。"你从来看不见也听不到角雕飞来，你可能一开始看到了，但很快它又从眼前消失。而就在你以为它飞走了的时候，它又撞上了你……有一次，我爬到一棵离鹰巢 250 米远的树上，结果它用爪子打我的背，它的同伴也参与了进来。"

当然了，这只角雕只不过是在预感到威胁的情况下保护自己的孩子。拍摄团队小心翼翼地在远处搭好脚手架，只在他们觉得角雕妈妈不在鹰巢时才爬上去拍摄。结果发现，最大的危险居然是爬上去这个过程。

制片人罗布·沙利文去那儿是为了拍摄研究角雕的科学家亚历山大·布兰科。布兰科博士研究角雕已有 20 年，他在它们身上安发射器，以便监控它们如何应对栖息地支离破碎的问题。在这种情况下，他会爬上鹰巢，同时这也是他接受艾德里安采访的地方，他将一只巨型幼鸟包好带下来，给它戴上无线电项圈。就在他沿着树干向下移动，身子后靠让绳子承担体重时，固定点松动掉落，绳子直接从轮滑上滑落。

"他掉下树冠不见了——离地面高达 30 米。"罗布说，"我原本应该拍他沿绳索滑下，结果却录下了他掉落的瞬间。他的尖叫声在掉落过程中一直透过耳机钻进我的耳朵。我的第一个想法就是他死定了。"

奇迹般地，他还活着，但是他的腰部和股骨严重受伤，这使他痛苦不堪。摄制组用树枝和斗篷做了一个简易担架，走了将近 2 000 米把他带回

▶ **高温作业。**这只角雕栖息在它树顶上的鸟巢里，因高温而不停喘气。这张照片是从 40 米远的地方拍摄的。因为它习惯了出现在森林里的研究员，所以拍摄没有花费太大气力。

◀ **幼鸟监视器。**亚历山大·布兰科博士的助手唐·布拉斯（左）在制片人艾德里安·西摩的协助下，温柔地将发射器绑在这只5个月大的角雕身上，随后将其放回森林边缘的一棵木棉树上它自己的巢里。

▶ **俯视。**正对着角雕筑巢的那棵树，摄像师罗布·沙利文在30米高的脚手架塔上坐了一整天，拍摄角雕的一举一动。角雕的父母对研究人员习以为常，无需躲藏。马特·埃伯哈德在同一个地方待了4周拍摄角雕幼鸟，又花了4周拍摄长大后的它学习捕猎的过程。约翰·艾奇逊在森林里的树上平台用5周的时间记录下刚会飞的角雕和它父母的一举一动。

营地，随后开车颠簸了5小时来到一个能买到吗啡的地方。当他们终于赶到一家医院时，布兰科博士坚持让摄制组回去继续拍摄，这样全世界的人们才能欣赏到他钟爱的鸟类并看到这些鸟类所面临的问题。

奇迹般地，戴好发射器的幼鸟毫发无损地被放回鸟巢里。亚历山大4个月不能走路，也无法在大学里教书，这意味着他没有经费继续做研究（他自己给自己投资，因为委内瑞拉的保护区也没有足够的资金支撑了）。但他现在又重新开始了这个项目，跟踪幼鸟的踪迹，观察它的成长。

在野外，总会有发生意外或者生病的风险，但拍摄纪录片《猎捕》时，捕食者极少对我们造成威胁。拍摄北极狼的约翰尼·休斯说："我见过它们有多凶狠（在看到它们杀死来自另一个种群的闯入者后），如果它们真正想要的话，原本可以杀死我们中的任何一个，但我一直觉得很安全。"

海上拍摄是最危险的，并非因为可能遭遇鲨鱼，而是任何一个同伴掉进海里的可能性，他甚至很可能被船碾过。但严格的风险评估和经验极为丰富的团队确保了这样的意外没有发生。当然了，这也是唯一一个安全且成功归来的拍摄团队。

致 谢

本书和电视系列纪录片《猎捕》旨在从一种新鲜且细致的角度观察捕食者与猎物之间的动态关系。我们希望消除大家对名声不好的捕食者的一些误解,展现它们真实的样子——那些最令人钦佩且最吃苦耐劳的形象。但是拍摄捕猎却不容易。捕猎行动不仅数量少,捕食者也是无法预测的因素,要捕捉到追逐过程中的关键时刻,意味着必须恰好在对的时间处于对的地方。幸运的是,世界各地的科学家和野外协助员用其丰富的经验与知识为我们提供了帮助。我们希望毫无遗漏地将他们的名字列入这份致谢的长名单,并时刻对他们为这部系列纪录片的播出和这本书的发行所做的贡献深怀感激之情。

所有转瞬即逝的精彩瞬间都出自我们意志坚定且才华横溢的摄像团队之手。在此要特别感谢只有 5 人却承担了超过 50% 拍摄任务的主要团队。

这支来自布里斯托尔银背影视公司的杰出制作团队,不辞辛劳地拍摄了 3 年才从自然界带回这么多新鲜的故事。没有最棒的制作管理团队的经济支持,这一切也是绝对不可能实现的。我们感到非常幸运能拥有一支优秀的后期团队,他们用自己的专业技能,以最完美的方式呈现了这些画面。

我们也特别感谢史蒂文·普莱斯极富感染力的原创配乐。并且为能再一次邀请到大卫·阿滕伯勒解说这个系列纪录片而感到荣幸,只有他的声音能这般清晰又满含诗意的热忱。我和休还想感谢艾伯特·德佩翠罗,谢谢他委托我们出版此书;感谢代理商希拉·艾博曼对我们的友好支持;感谢图片编辑劳拉·巴维克、设计师塔拉·奥里莉和编辑罗萨蒙德·基德曼·考克斯(同时也是第 7 章的作者),他们坚持不懈的努力和坚定的决心确保了此书以最好的面目呈现在大家面前——就活力和毅力两方面而言,只有赞比亚的野狗才能与之媲美。

制作团队

Dan Clamp
Darren Clementson
Jenni Collie
Rebecca Coombs
Huw Cordey
Marcus Coyle
Charles Dyer
Sarah Edwards
Alastair Fothergill
Jane Hamlin
Hal Hampson
Jonnie Hughes
Ellen Husain
Rachel James
Tara Knowles
Sophie Lanfear
Ilaira Mallalieu
Katie Mayhew
Elisabeth Oakham
Alex Page
Hugh Pearson
Sarah Pimblett
Jason Roberts
Adrian Seymour
Vicky Singer
Hannah Smith
Mandi Stark
Rob Sullivan
Rose Wilson

主要摄像团队

John Aitchison
Doug Anderson
Sophie Darlington
Jamie McPherson
Mark Smith

摄像团队

Matt Aeberhard
Luke Barnett
Malcolm Beard
Tom Beldam
Barrie Britton
Richard Burton
Rod Clarke
Darren Clementson

Robin Cox
Mark Deeble
Stephen De Vere
Kevin Flay
Nick Guy
Graham Hatherley
Jonathan Jones
Michael Kelem
Simon King
Ian McCarthy
Alastair MacEwen
Robert McIntosh
Blair Monk
Peter Nearhos
Didier Noirot
Kieran O'Donovan
Mark Payne-Gill
David Reichert
John Shier
Warwick Sloss
Robin Smith
Rolf Steinmann
Vicky Stone
Bali Strickland
Rob Sullivan
Gavin Thurston
Jesse Wilkinson

野外协助员

Ryan Atkinson
Andy Bedwell
Kira Cassidy
Heather Chambers
John Chambers
Corinne Chevalier
Jacca Deeble
Robin Dimbleby
Einar Eliassen
Håvard Festø
Pennie Ginn
Dean Miller
Robert Myler
Alonso Sanchez
Oliver Scholey
Oliver Saurabh Sinclair
Charlie Stoddart
Oskar Strøm

Gisle Sverdrup
Audun Tholfsen
Ben Tutton
Ignacio Walker

后期制作

Films at 59
Bridget Blythe
Gordon Leicester
George Panayiotou

音乐

Steven Price
BBC Concert Orchestra

编剧

Nigel Buck
Tim Lovell
Matt Meech
Andy Netley
Dave Pearce
Sam Rogers

线上编辑

Simon Bland
Franz Ketterer

配乐编辑

Kate Hopkins
Tim Owens

混录调音

Graham Wild

调色师

Adam Inglis

平面设计

Burrell Durrant Hifle

开放大学合作人

Miranda Dyson
Caroline Green
Caroline Ogilvie
Janet Sumner
Vicky Taylor
更多信息请见 open 教育网站

特别感谢

Aerial Filmworks
African Parks Zambia
Alaska's Hallo Bay Wilderness
    Camp
James Aldred
Kirsty Allen
Andasibe-Mantadia National Park
Charles Anderson
Morgan Anderson
Arctic Institute of North America
Adam Ashraf
Association Mitsinjo
Katy Austin
Avitrek
Bandhavgarh National Park
Andrés Vallejos Baier
Balai Konservasi Sumber
    daya Alam (BKSDA),
    Tangkoko,
    North Sulawesi
Robert Bartlett
Peter Bassett
Christine Bays
Gerard Beaton
Janice & Richard Beatty
Matt Becker
Eric Bedin
Colleen Begg
Ronald L. Bell
Maristela Benites
Abhra Bhattacharya
Bioparque El Puquen
Dave Blackham
Alexander Blanco
Don Blas
Reyk Boerner
Andre Botha
Espen Brandal
Paul Brehem
Femke Broekhuis
Peter Brownlee
Elisabeth Brox
Bureau of Protected Areas,
    Chubut
John Calambokidis
Jane Carter

Hector Casin
Centro Nacional Autónomo
    de Cinematografía (CNAC)
Costa Cetacea
Rob Clifford
Ella Cole
Octavio Colson
Reginaldo Constatino
Javier Contreras
Juan Copello
Ricardo Correa
Cleide Costa
Corporación Nacional Forestal
Martin Cray
Will Cresswell
Antica Culina
Marcos Da Silva Cunha
Charlotte Demers
Department of National Parks,
    Thailand
Thoswan Devakul
Robin Dimbleby
Rainer Dolch
Pastora Donoso
Tom Doyle
Egil Dröge
Edriss Ebu
Emas National Park
Estación de Biodiverisdad
    Tiputini
Ethiopian Wildlife Conservation
    Authority
Ethiopian Wolf Conservation
    Programme
Etosha National Park
Patrick Evans
Chris Evans
Edmund Farmer
Lynn Faust
Ola Fincke
Julian Finn
Joshua Firth
Nigel Fisher
Dan Fitzgerald
Tom Foreman
Adam Fox
Gates Underwater Products

Al Gaudet
Diane Gendron
Weldy George
Graeme Gillespie
Great Smoky Mountains
  National Park
Gobabeb Training and
  Research Facility
Lance Goodwin
Matjaz Gregoric
Michael David Gumert
Steve Haddock
Bano Haralu
Nagruk Harcharek
Jean Hartley
Ibrahim Hassan
Peter Hawkes
Emily Haynes
Will Hayward
Jostein Hellevik
Richard Herrmann
Jeff Hester
Jimmi Hill
Denver Holt
Danny Howard
José Rafael Hurtado 'Cheo'
John Innis
Ingela Jansson
Zoe Jeffery
Paul Jensen
Martin Jørgensen
Paul Johnsgard
Kornelius Jonas
Ullas Karanth
Krithi K. Karanth
Natasha Karniski
Katmai National Park,
  National Park Service, US
  Department
  of the Interior
Roland Kays
Anna Keeling
Kimberley Marine Research

Station
Kluane National Park and Reserve
Ree Komatsu
Michael Kristjanson
Kruger National Park
Meemendra Kumar
Bjørne Kvernmo
Roimen Lelya Laizer
Ramnaresh Barman Lala
Bobby Lambaihang
Stephen Lang
Nathalie LaSalle
Don Lavallee
Pamela Lepe
Daiqin Li
Mark Linfield
Liuwa Plain National Park
Look Bermuda
Moloimet Kilusu
Lukumay
Nick Lunn
Maasai Mara National Reserve
Ben MacDonald
Jodi MacGregor
John MacIver
Yadvinder Malhi
Kolei Ikayo Mamasita
Kevan Mantell
John Marchant
Juan Marín
Marine Studios & Florida
  Biodiversity Institute
Colette Massier
Malcolm McAdie
Tim McCagherty
Lorraine and Bob McGill
Dan McNulty
Stacy McNulty
Gonzalo Medina-Vogel
Andres Emilio
  Perez Mejias
Javier Mesa
Jeffery S. Mesach

Monterey Bay Aquarium
  Research Institute
Sammy Munene
Phillimon Mwanza
N/a'an ku sê
Nagarhole National Park
Brian Nakashima
Namib-Naukluft Park
Amit Nayyer
The New Island
  Conservation Trust
Ngorongoro
  Conservation Area
  Authority
Carey Nicholson
Letro Nini
Roger Niño
Sean O'Donnell
Steve Oliver
Owl Research Institute
Craig Packer
Pangti Village
Parks and Natural Areas
  Division,
  Newfoundland &
  Labrador Department
  of Environment &
  Conservation – Mistaken
  Point Ecological Reserve
Parque Nacional Pan
  de Azúcar
Ange Peers
Margie Peixoto
Jack Pettersen
Ian Phillips
Rita Pikasi
Nathan Pilcher
Robert Pitman
Simon Pitt
Polar Continental Shelf
  Program, Natural Resources
  Canada
Simon Pollard

Jerome Poncet
Leith Poncet
Koos Potgieter
Rina Pretorius
Qikiqtani Inuit Association
Jaime Quispe Nina
Paul Ratson
Jenny Read
Lary Reeves
Reserva Nacional Tambopata
Claire Revekant
Evan Richardson
Neon Rio
Terhi Riutta
RSPB Snettisham
Barry St George
Ryan St John
Paul Saroli
Conway Sassoon
Keith Scholey
Angela Schuler
  Brennan
David Seaman
Secretariat of Environment
  and Natural Resources
  (SEMARNAT)
Émilie Sénécal
Serengeti National Park
Ben Sheldon
Salamonie Shoo
Claudio Sillero
Leandro Silveira
Toby Sinclair
Digpal Singh
Daan Smit
Diana Smith
Dylan Smith
Jonathan Smith
Theresa Smith
Zak Smith
Scuba Travel
Smithsonian Institution
South Luangwa National

Park
Squaw Creek National
  Wildlife Refuge
Debbie & Rick Stanley
Ian Stirling
Tambopata Research Centre
Tanganyika Film and Safari
  Outfitters
Daphne Taylor
Chris Timmins
Phil Timpany
Phil Torres
John Totterdell
Tswalu Kalahari
Umiaq
US Fish and Wildlife Service
Derek & Claire van der Merwe
Vincent van der Merwe
Gus van Dyk
Rudie van Vuuren
Marlice van Vuuren
Viewfinders
Vadim Viviani
Wapusk National Park, Parks
  Canada Agency
Stefanie Watkins
Tim Watson
Darrin Welchert
Linda Weldon
Coli Whelen
Niklas Wikstrand
Wildlife Conservation Society
Jackie Willis
Greg Willis
World Bird Sanctuary
Mark Young
Zambian Carnivore
  Programme

图片来源

1 Federico Veronesi; 2~3 Pål Hermansen; 4~5 Mark MacEwen/naturepl 的网站； 6~7 Federico Veronesi; 8 Alex Page; 10~11 Federico Veronxesi

第 1 章 艰难的挑战
12~13 Paul Souders/WorldFoto; 14~15 Renaud Haution; 16~17 Will James Sooter/sharpeyesonline 的网站； 18~23 Federico Veronesi; 24~25 Daniel Rosengren; 26~27 Silverback; 28~31 Huw Cordey; 32~33 Mark Mohlmann; 34~35 Péter Fehérvári; 36 Ilaira Mallalieu; 37 Ramki Sreenivasan/Conservation India; 38 Patricio Robles Gil/Minden Pictures/FLPA; 39 Paul Souders/WorldFoto; 40~41 Jenny E. Ross; 42~43 Paul Nicklen/National Geographic Creative; 44~45 Brandon Cole; 46~47 Silverback; 48~49 R. L. Pitman

第 2 章 森林——躲避与搜寻
50~51 Art Wolfe; 52~53 Tim Laman/naturepl 的网站； 54~55 George Sanker/naturepl 的网站； 56 Malcolm Schuyl/FLPA; 57 Donald M. Jones/Minden Pictures/FLPA; 58~59 Tom Dyring; 60~61 Pål Hermansen; 62~63 Steve Winter/National Geographic; 64~65 Suzi Eszterhas/naturepl 的网站； 67~69 Javier Mesa; 70~71 Emanuele Biggi/Anura.it; 72 Mark Moffett/Minden Pictures/FLPA; 74 Tim Laman/naturepl 的网站； 75 Jurgen Freund/naturepl 的网站； 76 Roman Wittig; 77 Cristina M. Gomes; 78~79 Alex Wild; 80~81 Silverback; 82 Christian Ziegler; 83 Mark Moffett/Minden Pictures/FLPA

第 3 章 平原——无处藏身
84~85 Federico Veronesi; 86~87 Daniel Rosengren; 88~89 Paul Souders/WorldFoto; 90~91 Federico Veronesi; 92 Federico Veronesi; 93 Ellen Husain; 94~95 Silverback; 96 Federico Veronesi; 97~99 Dylan Smith; 100 Ary Bassous; 101 Jonathan Jones; 102~103 Ary Bassous; 104~105 John Aitchison; 106~107 Silverback; 108 Daniel J. Cox/NaturalExposures 的网站； 109 Silverback; 110~111 Daniel J. Cox/NaturalExposures 的网站； 112~115 Will Burrard Lucas/burrard-lucas 的网站； 116~117 Ben Cranke; 120~123 Silverback; 124~125 Paul van Schalkwyk

第 4 章 海岸——只争朝夕
126~127 Oliver Scholey; 128~129 Kevin Schafer/Minden Pictures/FLPA; 130~131 Tom Beldam; 132~133 Andrew Mason/FLPA; 134~135 Henk Schuurman/hscf.nl; 136~137 Silverback; 138 Kevin Flay; 139 Silverback; 140 Pete Bassett; 141 Marcelo Flores; 142~143 Mark MacEwen/naturepl 的网站； 144~145 Paul Souders/WorldFoto; 146~147 Oliver Scholey; 148~149 Paul Souders/WorldFoto; 150~151 Mandi Stark; 152~153 Solvin Zankl/naturepl 的网站； 154 Barbara Kolar/Brown Hyena Research Project; 155 Frans Lanting; 156~157 Ignacio Walker; 158~159 Silverback

第 5 章 北极——受制于季节
160~161 Sergey Gorshkov/naturepl 的网站； 162~163 Silverback; 164~165 Paul Souders/WorldFoto; 166~167 Paul Nicklen/National Geographic Creative; 169 Silverback; 170~171 Paul Nicklen/National Geographic Creative; 172~173 Markus Varesvuo/naturepl 的网站； 174 Auden Tholfsen; 175 Mike Potts/naturepl 的网站； 176~177 Jonnie Hughes; 178~179 Silverback; 180~181 Sergey Gorshkov/naturepl 的网站； 182~183 SueForbesphoto 的网站； 184~185 Silverback; 186~187 Jonnie Hughes; 188~189 Silverback; 190~191 Paul Souders/WorldFoto; 192~193 Silverback; 194 Ole Jorgen Liodden/naturepl 的网站； 195 Erlend Haarberg/naturepl 的网站； 196~197 Sophie Lanfear

第 6 章 海洋——海中的饥渴
198~199 Chris & Monique Fallows/naturepl 的网站； 200~201 Gisle Sverdrup; 202~203 Silverback; 204l Kevin Flay; 204m David Shale/naturepl 的网站； 204r Solvin Zankl/naturepl 的网站； 205l Norbert Wu/Minden Pictures/FLPA; 205m & r L. P. Madin, WHOI; 206~207 Alex Tattersall; 208~209 Brandon Cole; 210~211 Silverback; 212~214 Gisle Sverdrup; 215 Brandon Cole; 216~217 Jamie McPherson; 219 Mark Jones/RovingTortoisePhotos; 220 Brandon Cole; 222~223 Jim Abernethy/Getty Images; 224t David Shale/naturepl 的网站； 224b Photo Researchers/FLPA; 225 Danté Fenolio/anotheca 的网站； 227t Danté Fenolio/anotheca 的网站； 227b, 228t Solvin Zankl/naturepl 的网站； 228m & b Danté Fenolio/anotheca 的网站； 230 Danté Fenolio/anotheca 的网站； 231tl David Shale/naturepl 的网站； 231tr Solvin Zankl/naturepl 的网站； 231b Kevin Flay; 232~235 Silverback

第 7 章 与捕食者同行
236~237 Rolf Steinmann; 238~239 Richard Herrmann; 240~241 Jonnie Hughes; 242 Silverback; 243 Huw Cordey; 244~245 Mandi Stark; 246 Jonnie Hughes; 247 Silverback; 248~249 Rolf Steinmann; 250 Jesse Wilkinson; 251 Jonnie Hughes; 253 Luke Barnett; 254~255 Silverback; 256 Darren Clementson; 257 Silverback; 258 Darren Clementson; 259 Huw Cordey; 260~261 Gisle Sverdrup; 262~263 Richard Herrmann; 265 Silverback; 266~267 Hans Rack; 268~269 Adrian Seymour; 270~271 Håvard Festø; 272 Sophie Lanfear; 273 Silverback; 274~277 Huw Cordey; 278~280 Gisle Sverdrup; 281 Ignacio Walker; 282~283 Silverback; 284~287 Jonnie Hughes; 288~291 Ellen Husain; 292 Silverback; 293 Ellen Husain; 294~295 Oliver Scholey; 296~299 Sophie Lanfear; 300~301 Silverback; 302~303 Adrian Seymour; 304~305 Federico Veronesi; 306~307 Brandon Cole

研究许可：(blue whale USA) National Marine Fisheries Service 16111; SEMARNAT (blue whale Mexico) 01577; (humpback Australia) Commonwealth Marine Reserves 2013/06844; Department of Parks and Wildlife FA 000114

说明：m= 中图，l= 左图，r= 右图，t= 顶图，b= 底图

图书在版编目（ＣＩＰ）数据

　　猎捕：BBC动物世界生存之战 / （英）阿拉斯泰尔·
福瑟吉尔（Alastair Fothergill），（英）胡·科里
（Huw Cordey）著；魏波珣子等译. -- 北京：人民邮电
出版社，2018.1（2022.2重印）
　　（BBC自然探索）
　　ISBN 978-7-115-44997-9

　　Ⅰ. ①猎… Ⅱ. ①阿… ②胡… ③魏… Ⅲ. ①动物—
普及读物 Ⅳ. ①Q95-49

中国版本图书馆CIP数据核字(2017)第196338号

版 权 声 明

◆ 著　　　　[英]阿拉斯泰尔·福瑟吉尔（Alastair Fothergill）
　　　　　　[英]胡·科里（Huw Cordey）
　　译　　　　魏波珣子　刘晓艳　黄睿睿　史星宇
　　责任编辑　韦　毅
　　责任印制　陈　犇
◆ 人民邮电出版社出版发行　　北京市丰台区成寿寺路 11 号
　　邮编　100164　电子邮件　315@ptpress.com.cn
　　网址　http://www.ptpress.com.cn
　　北京宝隆世纪印刷有限公司印刷
◆ 开本：889×1194　1/20
　　印张：15.6　　　　　　　　　2018 年 1 月第 1 版
　　字数：428 千字　　　　　　　2022 年 2 月北京第 5 次印刷
　　著作权合同登记号　图字：01-2017-0543 号

定价：109.90 元

读者服务热线：(010)81055410　印装质量热线：(010)81055316
反盗版热线：(010)81055315
广告经营许可证：京东市监广登字 20170147 号